Ecofisiologia de

Fruteiras tropicais

A Editora Nobel tem como objetivo publicar obras com qualidade editorial e gráfica, consistência de informações, confiabilidade de tradução, clareza de texto, impressão, acabamento e papel adequados. Para que você, nosso leitor, possa expressar suas sugestões, dúvidas, críticas e eventuais reclamações, a Nobel mantém aberto um canal de comunicação.

Entre em contato com:
CENTRAL NOBEL DE ATENDIMENTO AO CONSUMIDOR
Fone: (011) 876-2822 – Fax: (011) 876-6988
End.: Rua da Balsa, 559 – São Paulo – CEP 02910-000
Internet: www.livrarianobel.com.br

Paulo R. C. Castro
Ricardo A. Kluge
(coordenadores)

Ecofisiologia de Fruteiras tropicais

abacaxizeiro, maracujazeiro mangueira, bananeira e cacaueiro

Nobel

Direitos desta edição reservados à
Livraria Nobel S.A.
Rua da Balsa, 559 — 02910-000 — São Paulo, SP.
Fone: (011) 876-2822 — Fax: (011) 876-6988
e-mail: ednobel@nutecnet.com.br

Coordenação editorial: Mirna Gleich
Assistência editorial: Maria Elisa Bifano
Preparação de texto: Regina Edwiges Fernandes
Revisão: Ana Luiza França e Maria Aparecida Amaral
Produção gráfica: Mirian Cunha
Capa: César Landucci
Foto de capa: Shopping Basket
Composição: CompLaser Studio Gráfico
Impressão: Editora Parma Ltda.

Dados Internacionais de Catalogação na Publicação (CIP)
(Câmara Brasileira do Livro, SP, Brasil)

Castro, Paulo R. C.
Ecofisiologia de fruteiras tropicais: abacaxizeiro, maracujazeiro, mangueira, bananeira e cacaueiro/ Paulo R. C. Castro, Ricardo A. Kluge (coord.) — São Paulo : Nobel, 1998.

Vários colaboradores.
Bibliografia.
ISBN 85-213-0979-1

1. Botânica 2. Frutas tropicais 3. Fruticultura I. Kluge, Ricardo A. II. Título.

97-3875 CDD-634.6

Índice para catálogo sistemático:

1. Frutas tropicais : Fruticultura 634.6

Coordenadores

PAULO R. C. CASTRO
Engenheiro Agrônomo, M.S., Doutor em Agronomia,
Professor Titular da Escola Superior de
Agricultura "Luiz de Queiroz" – USP
Piracicaba - SP

RICARDO A. KLUGE
Engenheiro Agrônomo, Mestre em Agronomia,
Doutorando do Curso de Pós-graduação
em Fitotecnia da ESALQ-USP
Piracicaba - SP

Colaboradores

P.R.C. CASTRO – Departamento de Botânica, Escola Superior de Agricultura "Luiz de Queiroz", USP, Piracicaba, São Paulo.

R.A. KLUGE – Curso de Pós-graduação em Fitotecnia da ESALQ-USP, Piracicaba, São Paulo.

M.L.S. TUCCI – Seção de Plantas Tropicais do Instituto Agronômico, Campinas, São Paulo.

H.A. ZAIDAN – Curso de Pós-graduação em Fisiologia e Bioquímica de Plantas da ESALQ-USP, Piracicaba, São Paulo.

G. O. REZENDE – Empresa Baiana de Desenvolvimento Agrícola, Salvador, Bahia.

I.A. ALVAREZ – Curso de Pós-graduação em Fisiologia e Bioquímica de Plantas da ESALQ-USP, Piracicaba, São Paulo.

Símbolos

ABA — Ácido abscísico
B — Boro
Ca — Cálcio
Cu — Cobre
Fe — Ferro
IBA — Ácido indolbutírico
K — Potássio
Mg — Magnésio
Ma — Manganês
N — Nitrogênio
NAA — Ácido naftalenacético
P — Fósforo
S — Enxofre
Z — Zinco

Sumário

Introdução

Este livro é destinado aos alunos dos cursos de agronomia em nível de graduação e de pós-graduação, em que a disciplina de fruticultura mostra-se como das mais relevantes, uma vez que o conhecimento da ecofisiologia das fruteiras tropicais possibilita sua implantação racional, condução adequada e a obtenção de altas produções. A fisiologia ecológica fornece subsídios ainda para se evitar, controlar e resolver racionalmente os problemas da cultura. Assim, este livro também é recomendado para agrônomos, produtores, pesquisadores e professores que se dedicam a essas fruteiras.

Esta obra trata da ecofisiologia de cinco fruteiras de alta importância para a agricultura brasileira: abacaxizeiro, maracujazeiro, mangueira, bananeira e cacaueiro. Tratamos de sua origem, distribuição, classificação, morfologia, propagação, desenvolvimento, fatores ecológicos, nutrição, florescimento, frutificação, estratégias para altas produções, efeitos de reguladores vegetais e senescência, dentre outros fatores. Consideramos que esses aspectos são fundamentais para se conhecer a cultura e se estabelecer a modelagem do sistema de produção do cultivo.

A bibliografia utilizada foi citada no final do texto acerca de cada cultura. Os autores se responsabilizam pelo material apresentado. Desejamos agradecer à equipe da editora pela assistência e produção desta obra.

Paulo R. R. Castro

Ricardo A. Kluge

Abacaxizeiro

Ananas comosus (L.) Merrill

Gilson O. Rezende
Ricardo A. Kluge

Origem e distribuição geográfica

O abacaxizeiro é uma planta tropical oriunda de regiões caracterizadas por dias quentes e secos ou de distribuição pluviométrica bastante irregular.

COLLINS (1960) considera que o abacaxizeiro tem como centro de origem alguma região situada entre 15 e 30º de latitude sul e 40 e 60º de longitude oeste, a qual abrange o Centro e o Sul do Brasil, e o Nordeste da Argentina e do Paraguai. O mesmo autor acredita que as variedades atualmente cultivadas descendem de abacaxizeiros selvagens ainda existentes na América tropical e subtropical.

As plantações com esta frutífera encontram-se praticamente em todas as regiões tropicais e subtropicais do mundo, sendo que as maiores produções concentram-se na Tailândia, Filipinas, China, Brasil e Índia. No Brasil, quase todas as regiões produzem abacaxis, principalmente as regiões Nordeste e Sudeste, destacando-se os estados da Paraíba, Minas Gerais, Bahia, Espírito Santo e Rio Grande do Norte.

Classificação botânica

De acordo com A. Engler e A. Cronquist, o abacaxizeiro apresenta a seguinte classificação botânica:

	Engler	Cronquist
Divisão	Angiospermae	Magnoliophyta
Classe	Monocotyledoneae	Liliopsida
Subclasse	———	Zingiberidae
Ordem	Bromeliales	Bromeliales
Família	Bromeliaceae	Bromeliaceae
Gênero	*Ananas*	*Ananas*

Um total de cinco espécies pertencem ao gênero *Ananas*, entre elas *Ananas comosus* (L.) Merrill, que compreende todos os cultivares atualmente plantados (PY, 1969).

Morfologia

O abacaxizeiro é uma planta herbácea, perene e auto-estéril. Apresenta uma produção de frutos a partir da gema terminal, enquanto das gemas axilares do caule formam-se as novas plantas. A planta adulta pode atingir de 1 a 1,2 m de altura e 80 a 150 cm de largura. As diferentes partes constituintes de uma planta adulta do abacaxizeiro se encontram na Figura 1.

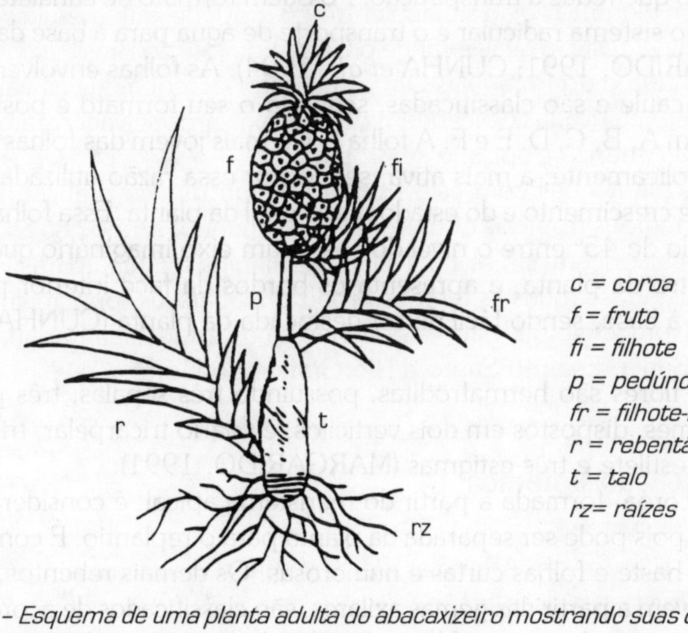

Figura 1 – *Esquema de uma planta adulta do abacaxizeiro mostrando suas diferentes partes (CUNHA* et al., *1994).*

O sistema radicular do abacaxizeiro é do tipo fasciculado, fibroso e bastante superficial, estando a maior parte das raízes situadas a 15-30cm de profundidade. Basicamente, existem três tipos de raízes: primárias, adventícias e secundárias. As *raízes primárias*, de origem embrionária, logo desaparecem, dando lugar aos outros dois grupos. As *raízes adventícias* são aquelas que surgem a partir do talo, no tecido vascular que separa o cilindro central da casca. As *raízes secundárias* são ramificações laterais que surgem das raízes adventícias. CUNHA *et al*. (1994) descrevem ainda dois tipos de raízes adventícias: as axilares, encontradas nas axilas das folhas, e as subterrâneas, situadas na base do caule, abaixo da superfície do solo.

A haste, o caule ou talo possui de 25 a 30 cm de comprimento, 2,5 a 3,5 cm de largura na base e 5,5 a 6,5 cm logo abaixo do ápice. O caule é dividido em entrenós curtos (1 a 10 cm), estando os mais alongados localizados na sua parte central. Uma peculiaridade do talo é a presença de raízes adventícias no seu interior, das quais se origina o tecido vascular. Apresenta considerável teor de amido (aproximadamente 11% da matéria seca).

As folhas, em número de 70 a 80, são rígidas, cerosas na superfície superior e protegidas por uma camada de pêlos (tricomas) na sua face inferior, o que reduz a transpiração. Possuem formato de canaleta, o que favorece o sistema radicular e o transporte de água para a base da planta (MARGARIDO, 1991; CUNHA *et al*., 1994). As folhas envolvem totalmente o caule e são classificadas, segundo o seu formato e posição na planta, em A, B, C, D, E e F. A folha D é a mais jovem das folhas adultas e, metabolicamente, a mais ativa, sendo por essa razão utilizada para a análise de crescimento e do estado nutricional da planta. Essa folha forma um ângulo de 45° entre o nível do solo e um eixo imaginário que passa pelo centro da planta, e apresenta os bordos da face inferior perpendiculares à base, sendo fácil de ser destacada da planta (CUNHA *et al*., 1994).

As flores são hermafroditas, possuindo três sépalas, três pétalas, seis estames, dispostos em dois verticilos, e ovário tricarpelar, trilocular, com um estilete e três estigmas (MARGARIDO, 1991).

A coroa, formada a partir do meristema apical, é considerada um rebento, pois pode ser separada da planta para o replantio. É constituída por uma haste e folhas curtas e numerosas. Os demais rebentos, que se desenvolvem a partir das gemas axilares, são classificados de acordo com sua posição na planta em: *filhote* (localizado no pedúnculo, logo abaixo do fruto); *filhote-rebentão* (encontrado no ponto de conexão do pedúnculo com o caule); e *rebentão* (localizado na parte inferior do caule). O rebentão pode ser aéreo ou subterrâneo (CUNHA *et al*., 1994).

Os frutos são compostos, múltiplos, derivados da inflorescência e formados pela coalescência de frutos individuais do tipo baga. A parte comestível provém da base carnosa das flores e dos ovários.

Propagação

Apesar de o abacaxizeiro ser auto-estéril, podem surgir sementes a partir da polinização cruzada (intervarietal). A utilização de sementes é restrita ao melhoramento genético da espécie, com a finalidade de se obter híbridos com características superiores àquelas dos cultivares em uso, tais como: resistência à fusariose, maior tolerância ao ataque de cochonilhas e nematóides, ausência total de espinhos e outras.

A perpetuação do abacaxizeiro é feita predominantemente por propagação vegetativa, através da obtenção de mudas de várias partes da planta.

Os diferentes tipos de propagação utilizados na cultura do abacaxizeiro se encontram no esquema abaixo.

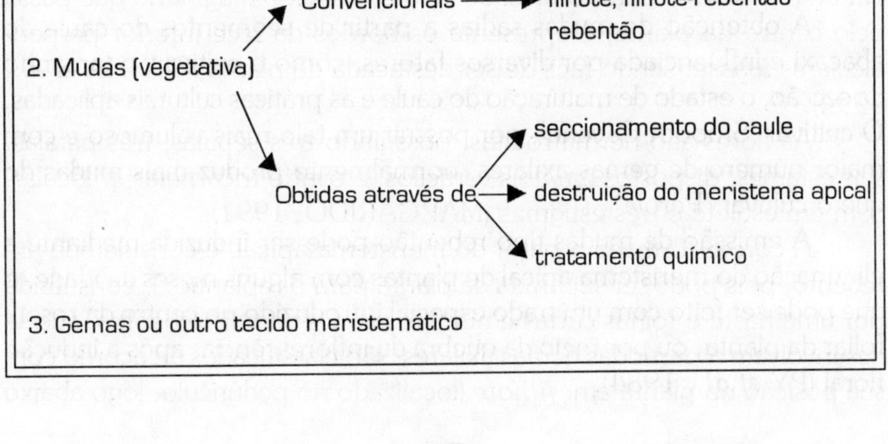

A coroa é raramente utilizada para plantio de abacaxi no Brasil, pois ela acompanha o fruto comercializado "in natura". O seu plantio, porém, proporciona plantações mais homogêneas, de florescimento e tamanho de fruto uniformes. Os inconvenientes desta brotação são a alta suscetibilidade às podridões e o crescimento lento.

O filhote apresenta-se freqüentemente curvado e, assim como a coroa, não floresce e não forma frutos enquanto estiver ligado à planta-mãe, sendo utilizado, portanto, como material para novo plantio. É o tipo de muda mais disponível e utilizado no Brasil. Permite a formação de um cultivo bastante homogêneo, o que facilita o controle do florescimento. O ciclo mais longo, comparado ao rebento, constitui-se um inconveniente deste tipo de muda.

O filhote-rebentão pode também ser utilizado, porém, apresenta maior desuniformidade no desenvolvimento, o que dificulta a obtenção de culturas homogêneas.

A plântula, ou muda formada em viveiro a partir de gemas de secção do talo, é a muda de ciclo mais longo. Tanto as gemas do talo da planta-mãe quanto aquelas de talos menores, dos outros tipos de muda já mencionados, podem produzir plântulas, as quais estabelecem ciclos de cultura variáveis em função de suas quantidades de reservas amiláceas. Existe, no entanto, a tendência de as plântulas de partes inferiores do talo produzirem indivíduos de ciclo mais curto (GAILLARD, 1974).

A multiplicação de mudas por seccionamento do talo é o método mais antigo de multiplicação vegetativa do abacaxizeiro. O teor de amido no caule é responsável pela possibilidade de propagação da espécie por meio do seu seccionamento. Esta propagação por seccionamento do caule proporciona a produção de mudas sadias e isentas de fusariose (CHALFOUN, 1981; GIACOMELLI & PY, 1981).

A obtenção de mudas sadias a partir de segmentos do caule do abacaxi é influenciada por diversos fatores, como o cultivar, o tamanho da secção, o estado de maturação do caule e as práticas culturais aplicadas. O cultivar 'Smooth Cayene', por possuir um talo mais volumoso e com maior número de gemas axilares, normalmente produz mais mudas do que o cultivar 'Pérola'.

A emissão de mudas tipo rebentão pode ser induzida mediante a eliminação do meristema apical de plantas com alguns meses de idade, o que pode ser feito com um trado especial introduzido no centro da roseta foliar da planta, ou por meio da quebra da inflorescência, após a indução floral (PY *et al.*, 1984).

Crescimento e desenvolvimento

Raízes – a emissão de raízes do abacaxizeiro ocorre em três fases distintas. A primeira, considerada rápida, corresponde à expansão radicular oriunda das reservas do rebento, ocasião em que as raízes apresentam-se frágeis e logo são substituídas naturalmente. Aproximadamente dois meses após o plantio, a planta reconstitui o seu sistema radicular, que tornou-se agora mais consistente. A segunda, considerada intermediária, pode ser mais ou menos longa conforme as condições climáticas, e a terceira, também rápida, acompanha o crescimento da planta.

BONZON (1969) menciona que as raízes do abacaxizeiro podem crescer mais de 4 cm por semana, reduzindo essa taxa durante a indução floral.

Caule – a curva de crescimento do caule apresenta a forma de uma sigmóide, e seu aumento de peso é bastante lento durante a fase vegetativa, principalmente nos primeiros meses.

A taxa de acréscimo em matéria seca das folhas e do caule é igual até a indução floral, mas nos dois meses seguintes o teor em fitomassa fresca ou seca aumenta regularmente até próximo da maturação do fruto.

O caule pode atuar como um órgão de armazenamento dos produtos da fotossíntese, cujas reservas são passíveis de utilização nos momentos em que a atividade fotossintética não pode satisfazer as necessidades da planta (durante o crescimento ativo do fruto e dos rebentos).

Folhas – o crescimento da massa foliar se faz pelo aumento do número de folhas vivas na planta e pelo crescimento individual das folhas. Após o plantio, o aparecimento das folhas aumenta regularmente com a idade da planta, manifestando uma aceleração durante o mês correspondente à indução floral, principalmente quando o crescimento da flor é rápido.

Segundo LACOEUILHE & PY (1974), o intervalo de tempo entre a diferenciação da folha e o seu aparecimento não é constante e pode ser superior a quatro meses. Esse intervalo é necessário para que o seu crescimento em largura e o diâmetro do talo se equilibrem.

Quando o crescimento da folha é rápido, particularmente em zonas quentes, úmidas e de baixa altitude, próximas ao Equador, a folha torna-se muito comprida e pesada sobre uma planta que ainda não terminou seu crescimento, antes da diferenciação floral. Após essa fase, o alongamento demanda mais tempo que o aumento do seu peso.

Frutos – o fruto apresenta uma curva de crescimento do tipo sigmóide simples, caracterizada por um rápido crescimento inicial, devido a divisão e o alongamento celular até próximo à maturação, seguido por um crescimento lento à medida que o fruto inicia o seu processo de amadurecimento. O abacaxi é considerado um fruto não-climatérico, apresentando, portanto, mudanças físico-químicas pouco pronunciadas após a colheita; por isso deve ser colhido quando atinge as melhores características de qualidade.

Efeitos de fatores ecológicos

Temperatura – o crescimento e o desenvolvimento do abacaxizeiro são bastante influenciados pela temperatura, sendo que a faixa de temperatura adequada para a cultura situa-se entre 22 e 32ºC, com a ótima ao redor de 24ºC. Temperaturas inferiores a 21ºC ou superiores a 32ºC reduzem o crescimento das raízes e folhas. Por ser uma espécie tipicamente tropical, são toleráveis, por algum tempo, temperaturas próximas a 40ºC. Entretanto, valores acima desse causam queimaduras nas folhas e frutos, através da solarização.

Segundo PY (1969), as quedas de temperatura estimulam o florescimento da planta. VAN OVERBEEK & CRUZADO (1948) observaram que a diferenciação floral do abacaxizeiro, sob condições naturais, deve-se às temperaturas noturnas baixas, durante o outono e o inverno.

Sabe-se que a abertura dos estômatos e a transpiração são determinadas mais pela amplitude de temperatura diária do que pela temperatura efetiva, e que o abacaxizeiro é suscetível de abrir seus estômatos durante o dia e/ou à noite, dependendo das condições de termoperíodo. Estudos sobre o comportamento do abacaxizeiro 'Cayenne Liso' em recinto climatizado demonstraram que a predominância da fotossíntese do tipo CAM* ou do ciclo C_3 depende essencialmente do termoperíodo.

---

*CAM (crassulacem acid metabolisam) – metabolismo ácido das crassuláceas.

O metabolismo ácido das crassuláceas se sobrepõe ao ciclo C_3 quando a diferença de temperatura entre o dia e a noite atinge pelo menos 15ºC.

CONNELLY & BARTHOLOMEW (1969) testaram a fixação do carbono pela folha do abacaxizeiro em diversos termoperíodos, sob um fotoperíodo de 12 horas. O teor de CO_2 fixado por 24 horas foi máximo a uma temperatura constante de 30ºC, com uma faixa de fixação de aproximadamente 10 $mg^{-2}.h^{-1}$. A taxa declinou a temperaturas abaixo e acima de 15 a 35ºC, ou nos casos em que a temperatura no escuro excedeu a temperatura no claro. Aproximadamente 100% do CO_2 foi fixado no claro, e a porcentagem de fixação no escuro sofreu um acréscimo com o aumento da temperatura diurna.

Quando a temperatura do ar atinge 32ºC, o fruto fica sujeito à queima pelo sol. Os danos são mais graves quando os frutos estão maduros e se encontram tombados.

Temperaturas constantes próximas a 0ºC reduzem a absorção de nutrientes e, no caso de ocorrência de geadas, as plantas apresentam secamento nas folhas e atraso no seu crescimento.

A exposição dos frutos a temperaturas abaixo de 7ºC pode resultar em escurecimento da polpa (MARGARIDO, 1991).

ALFONSI *et al*. (1994) estabeleceram a temperatura-base (tb - temperatura abaixo da qual a planta não se desenvolve) e os graus-dias (GD - quantidade de energia, em graus dias, acima da tb para que a planta complete a fase correspondente à emissão da inflorescência até a colheita), para os cultivares 'Rondon' e 'Cayenne', sendo que os valores estão apresentados no quadro abaixo.

Cultivar	***tb***	***GD***
Rondon	*5ºC*	*2.300*
Cayenne	*9ºC*	*2.020*

Estes resultados, segundo os autores, são úteis para se planejar a época de indução floral, em função da data de colheita, e para subsidiar o zoneamento agroclimático da cultura.

Umidade – a pluviosidade é de grande importância para a cultura do abacaxi. A falta de chuvas retarda o desenvolvimento da planta e do fruto e ocasiona problemas na diferenciação floral, influenciando diretamente o rendimento da cultura. Considera-se que regiões com pluviometria da ordem de 1.000 a 1.500 mm anuais atendem as necessidades da planta, porém, tendo em vista a sua baixa transpiração e o uso eficiente da água, o abacaxizeiro pode manter seus níveis de produtividade tanto em regiões onde a disponibilidade de água é limitada, como a África do Sul, com 500 a 600 mm anuais, como em regiões com água excessivamente abundante, como a Costa Rica, com 3.000 mm anuais.

Sob condições de seca, observa-se um amarelecimento da planta; as folhas perdem a turgescência adquirindo uma cor arroxeada, e os bordos do limbo enrolam-se para baixo. Em casos extremos, pode haver um ressecamento total das folhas, raízes e pedúnculo do abacaxi. A ocorrência de um déficit hídrico durante a formação do fruto, pode resultar em fendilhamento ou rachadura da polpa. Deficiência hídrica acentuada nos primeiros meses de cultivo, pode prolongar significativamente o ciclo vegetativo, bem como diminuir o tamanho do fruto. No estado jovem da planta, o déficit hídrico é ainda mais crítico, uma vez que as perdas por evapotranspiração prejudicam o sistema radicular ainda em formação.

Frutos colhidos em períodos frios e secos são mais coloridos do que os colhidos em tempo quente e úmido. Por outro lado, a abertura de flores em períodos chuvosos aumenta o risco de incidência da fusariose.

A umidade relativa também apresenta importância para o abacaxizeiro, pois, a exemplo do que ocorre em outras culturas, mudanças súbitas desse fator podem causar problemas de fendilhamento no fruto e na inflorescência. Esse fato diminui a qualidade do fruto e contribui para o aumento na incidência de patógenos. Por outro lado, em áreas de baixa pluviosidade, a alta umidade melhora o crescimento da planta, devido à captação de umidade pelas folhas (condensação).

Luminosidade – a luminosidade atua sobre o crescimento vegetativo, produtividade e qualidade do fruto. A insolação mínima necessária ao bom desenvolvimento e produção desta cultura está entre 1.200 e 1.500 horas.ano^{-1}, enquanto o ótimo está entre 2.500 e 3.000 horas.ano^{-1} (CUNHA *et al.*, 1994).

A redução da luminosidade pode provocar a floração natural do abacaxizeiro, além de induzir a produção de frutos pequenos.

O abacaxizeiro é considerado uma planta de dias curtos, uma vez que a interrupção do período escuro suprime o efeito indutor do encurtamento do dia sobre o florescimento. Após atingir o crescimento e porte adequados, inicia-se sua floração quando os dias encurtam, pois o desenvolvimento da inflorescência é tanto mais rápido quanto menor o período de luz (8 horas ou menos), conforme CUNHA *et al.* (1994).

Vento – quando o solo é suficientemente coberto, o vento tem pouco efeito sobre a evapotranspiração, por causa da alta resistência estomática. Os ventos secos podem levar ao secamento da ponta das folhas. Durante o dia, quando os estômatos estão fechados, o vento tem uma ação importante sobre as trocas térmicas no interior da cobertura vegetal, sendo, portanto, o principal fator de regulação térmica.

Em alguns casos, o uso de quebra-ventos é necessário, principalmente em áreas muito próximas do mar, onde a salinidade conduzida pelo vento pode causar necrose nas extremidades das folhas. Os ventos fortes, por sua vez, ocorrendo próximos da colheita, podem causar o tombamento do fruto.

Foto 1 – *Cultivo do abacaxizeiro* (Ananas comosus) *em linha dupla.*

Solos, nutrição e micorrizas

O abacaxizeiro desenvolve um sistema radicular limitado que se concentra, principalmente, nos primeiros 15 cm de solo. Os solos de textura média ou leve, com boa aeração e bem drenados, são os mais indicados para esta cultura (PY, 1969; MALAVOLTA *et al.*, 1974), que pode, no entanto, ser encontrada também com bom desenvolvimento em solos argilosos, desde que sejam respeitadas as exigências quanto a aeração e drenagem.

Os terrenos planos ou de pouca declividade (até 3%) são os preferidos, pois facilitam a mecanização e diminuem os riscos de erosão, cujo controle é extremamente importante, já que o sistema radicular da planta é pouco desenvolvido. Além disso, os solos cultivados com o abacaxizeiro são mantidos limpos, ou com pouca cobertura vegetal, em grande parte do ciclo da cultura.

Com relação ao pH, há preferência do abacaxizeiro pelos solos ácidos, havendo, contudo, algumas variações no que diz respeito à faixa do pH considerada mais indicada para a cultura. A faixa ótima, segundo BARTHOLOMEW & KADZIMINN (1977), é de 4,5 a 5,5.

A grande maioria dos solos utilizados para o cultivo do abacaxi não supre por si só as elevadas necessidades de nutrientes minerais desta cultura, fazendo com que a prática da adubação seja uma constante nos plantios comerciais. A deficiência ou o excesso dos principais nutrientes minerais resultam numa série de sintomas e conseqüências que diminuem a produtividade da cultura.

O excesso de nitrogênio provoca excessivo desenvolvimento das folhas, acamamento das plantas, má qualidade dos frutos e atraso no florescimento. Em casos mais graves, reduz a frutificação, o tamanho médio dos frutos e a emissão de mudas. Nota-se sua deficiência em solos pobres em matéria orgânica, ao passo que em solos quentes e ensolarados torna-se freqüente.

Em relação à qualidade dos frutos, há um decréscimo na acidez do suco à medida que aumentam as doses de adubação com nitrogênio (BEZERRA *et al.*, 1981).

O fósforo é um nutriente mineral importante e indispensável por ocasião da diferenciação floral e do desenvolvimento do fruto.

O potássio e o nitrogênio são os nutrientes mais importantes para o abacaxizeiro. O primeiro, em níveis adequados, favorece o aumento no peso, o teor de sólidos solúveis, a acidez e firmeza da polpa dos frutos. Sua escassez causa inicialmente o aparecimento de pontos pardos sobre as bordas do limbo. Em seguida, há o ressecamento das folhas a partir do ápice para a base, o pedúnculo frutífero apresenta-se com pequeno diâmetro, os frutos mostram-se pequenos, sem acidez, e a maturação é tardia e desuniforme.

HAAG *et al.* (1963), em estudos de nutrição mineral do abacaxizeiro em solução nutritiva, verificaram que o maior incremento na produção obedece a um maior desenvolvimento do talo, resultando em frutos de maior tamanho e qualidade, devido ao armazenamento das substâncias elaboradas que posteriormente são translocadas para o fruto. A deficiência de potássio prejudica todas as características favoráveis do fruto.

O cálcio é importante na diferenciação da inflorescência e no desenvolvimento dos frutos e das raízes; é praticamente imóvel no floema, e quando ocorre deficiência as regiões de crescimento (gemas e pontas das raízes) são as primeiras a serem afetadas. As folhas novas tornam-se verde-pálidas, com clorose e lesões nas extremidades.

A deficiência de magnésio causa clorose nas folhas mais velhas, diminui a frutificação e favorece a formação de raízes grossas, pouco ativas.

O enxofre é outro nutriente pouco móvel dentro da planta. Em condições de carência, as folhas novas são as primeiras a serem afetadas. O efeito da falta desse nutriente sobre as características do fruto é marcante, como é citado por HAAG *et al.* (1963). Estes constataram que os frutos produzidos sob condições de carência de enxofre eram anormais em estrutura e amadurecimento.

A quantidade de boro requerida pelo abacaxizeiro é muito pequena, mas essencial ao desenvolvimento fisiológico da planta, em particular as regiões de crescimento ativo, e o fruto, sendo também necessário à translocação de açúcares e germinação do grão de pólen (MALAVOLTA, 1976).

PAULA *et al.* (1985), estudaram a extração de nutrientes pelos cultivares 'Pérola' e 'Smooth Cayenne' a intervalos de dois meses até a idade de 18 meses. Os autores verificaram que os macronutrientes absorvidos em maiores quantidades foram Potássio > Nitrogênio > Cálcio > Magnésio > Enxofre > Fósforo. Para os micronutrientes, a ordem de extração foi Manganês > Ferro > Zinco > Boro > Cobre.

A associação mutualística de fungos micorrízicos com o sistema radicular das plantas, que ocorre no abacaxizeiro, aumenta a absorção de nutrientes do solo, principalmente dos minerais de baixa mobilidade, como o fósforo.

A utilização de fungos micorrízicos em abacaxizeiro pode reduzir os custos de produção, conservar fontes de energia não-renováveis e permitir o cultivo em solos de baixa fertilidade. A sua adaptação a solos pobres e sem fósforo, como o Latossolo vermelho-amarelo-escuro, é devido, provavelmente, a uma simbiose com fungos micorrízicos.

Em condições de casa de vegetação AZIS *et al.* (1990), determinaram o efeito da inoculação do abacaxizeiro cultivar 'Smooth Cayenne' com o fungo MVA (micorrízico vesículo-arbuscular) *Glomus aggreatum* sobre o crescimento das plantas. Estas apresentaram um aumento significativo na colonização de suas raízes para níveis de 0,003 e 0,02 ppm de fósforo. Na colheita das plantas, foi verificado que as inoculadas apresentaram maior concentração de fósforo na folha "D" e maior peso da matéria seca.

JAISME-VEGA & AZCON (1991) observaram que as plantas inoculadas com fungos MVA resistiram melhor ao transplante em função do estímulo do fungo sobre o crescimento das raízes, bem como pelo aumento no conteúdo de nitrogênio, fósforo e potássio que o fungo proporcionou na parte aérea da planta.

Fotossíntese

O abacaxizeiro é um exemplo, entre os vegetais cultivados, que apresenta o metabolismo ácido das crassuláceas. Este processo de fixação de CO_2 entre as espécies do gênero *Ananas* foi evidenciado pela primeira vez por SIDERES *et al*. (1948) e pode ser considerado como uma característica residual do caráter epifítico e xerofítico dos ancestrais deste gênero.

As plantas que apresentam o metabolismo crassuláceo são adaptadas a um ambiente quente e de aridez contínua, com alta intensidade de radiação solar, alta temperatura e precipitação reduzida. Apresentam um sistema de fixação de CO_2 especializado, destinado principalmente a manter um balanço positivo de carbono nos tecidos, ao mesmo tempo que desenvolvem um eficiente mecanismo de economia de água. Este comportamento fisiológico caracteriza-se por uma produção cíclica de ácidos orgânicos.

Nas crassuláceas como o abacaxizeiro, ocorre a fixação massiva de CO_2 durante a noite, catalisada pela enzima fosfoenolpiruvato carboxilase (PEP-case), uma vez que os estômatos permanecem abertos durante o período noturno (Figura 2). São sintetizados ácidos orgânicos, principalmente o ácido málico, que ficam armazenados no vacúolo. No dia seguinte, sua descarboxilação libera CO_2 que fica disponível para o ciclo redutor da fotossíntese (PCR), ou ciclo de Calvin. As trioses formadas durante essa descarboxilação ligam-se a um conjunto de carboidratos que tornam-se, como o piruvato (PEP), substrato para a betaoxidação noturna. A fixação do CO_2 do exterior pode também ocorrer durante o dia, após a descarboxilação do malato. Este tipo de fotossíntese, que implica variações diárias na concentração de ácidos orgânicos, é denominado metabolismo ácido das crassuláceas. Na Figura 2 encontra-se também representado o ciclo dos ácidos tricarboxílicos (TCA).

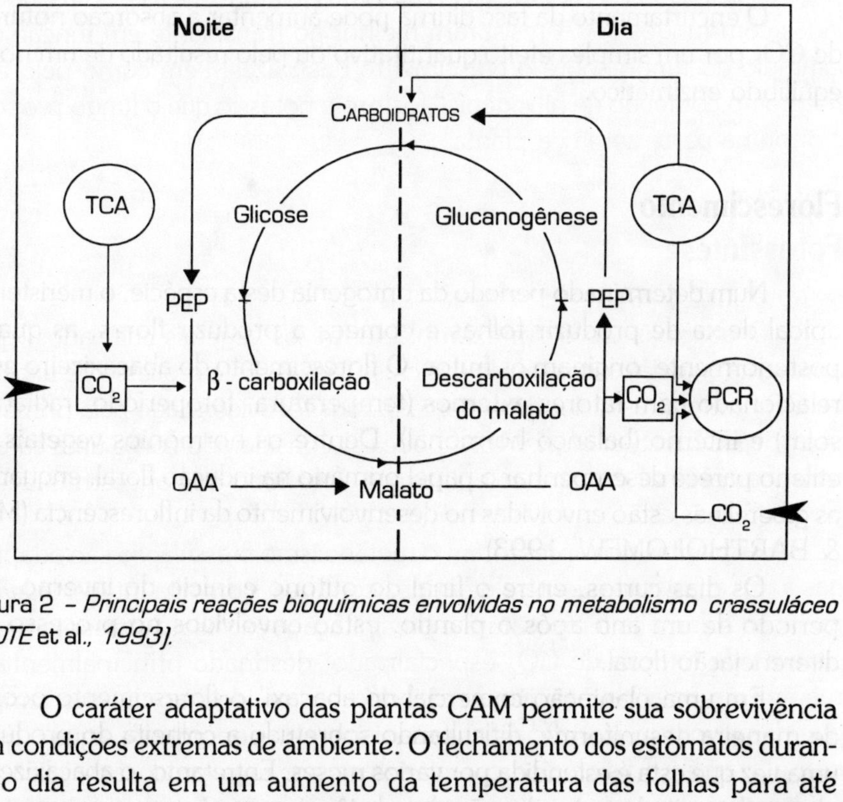

Figura 2 – *Principais reações bioquímicas envolvidas no metabolismo crassuláceo [COTE* et al., *1993].*

O caráter adaptativo das plantas CAM permite sua sobrevivência em condições extremas de ambiente. O fechamento dos estômatos durante o dia resulta em um aumento da temperatura das folhas para até aproximadamente 50ºC. Entretanto, a temperatura ótima para atividade da enzima de descarboxilação é também alta, permitindo que a liberação interna de CO_2 ocorra normalmente. Em condições climáticas mais amenas, com disponibilidade de água, as plantas CAM comportam-se semelhantemente às espécies de fotossíntese C_3, sendo o CO_2 fixado durante o dia, pelo ciclo de Calvin.

As quantidades de CO_2 absorvidas por dia e por unidade de superfície das folhas das plantas crassuláceas são relativamente baixas. Entretanto, no abacaxizeiro, a produção de matéria seca, face as diferentes vias de assimilação, é mais ou menos contínua, com intensidades variáveis ao longo do ano.

Os fatores ecológicos afetam o metabolismo do carbono do abacaxizeiro. Em condições de seca, a disponibilidade hídrica é o principal fator na regulação da fixação do CO_2. Um baixo suprimento de água resulta na redução da absorção noturna de CO_2, bem como em limitação nas reações subseqüentes, durante o dia.

O encurtamento da fase diurna pode aumentar a absorção noturna de CO_2 por um simples efeito quantitativo ou pelo resultado de um novo equilíbrio enzimático.

Florescimento

Num determinado período da ontogenia desta espécie, o meristema apical deixa de produzir folhas e começa a produzir flores, as quais, posteriormente, originam os frutos. O florescimento do abacaxizeiro está relacionado com fatores externos (temperatura, fotoperíodo, radiação solar) e interno (balanço hormonal). Dentre os hormônios vegetais, o etileno parece desempenhar o papel primário na indução floral, enquanto as giberelinas estão envolvidas no desenvolvimento da inflorescência (MIN & BARTHOLOMEW, 1993).

Os dias curtos, entre o final do outono e início do inverno, no período de um ano após o plantio, estão envolvidos no processo de diferenciação floral.

Em uma plantação comercial de abacaxi, o florescimento ocorre de maneira desuniforme, dificultando sobretudo a colheita do produto, uma vez que esta é estendida por vários meses. Entretanto, o abacaxizeiro responde muito bem à aplicação de substâncias químicas que apresentam a capacidade de antecipar e uniformizar o florescimento.

A indução floral com o uso de reguladores vegetais vem sendo há muito tempo praticada. A aplicação dessas substâncias promove aumento endógeno no teor de etileno na região meristemática e/ou aumentam a sensibilidade dos tecidos a este gás.

Os reguladores vegetais mais comumente usados para induzir o florescimento do abacaxizeiro são carbureto de cálcio (acetileno), etileno, ethephon (ácido 2-cloroetilfosfônico) e NAA (ácido naftalenacético), de acordo com CUNHA *et al.* (1994).

Estratégias para altas produções

O cultivo do abacaxizeiro assume importância na fruticultura brasileira tendo em vista tratar-se de uma atividade rentável. Assim, torna-se importante a busca de estratégias objetivando a solução de problemas que estão impedindo a expansão da abacaxicultura.

Dentre as prioridades no campo da tecnologia, destacam-se os seguintes aspectos a serem considerados para pesquisa:

- Introduzir/manter germoplasma e obter cultivares com características agronômicas desejáveis.
- Estabelecer métodos eficientes de controle de pragas e doenças, incluindo resistência genética.
- Estudar o comportamento da planta sob diferentes condições ecológicas, de modo a orientar o manejo da cultura, no que se refere aos aspectos quantitativos e qualitativos da produção.
- Desenvolver estudos sobre manejo de solo e adubação, de modo a aumentar a eficiência desta prática, tanto pelos incrementos de rendimento como pela redução do seu custo.
- Estudar o uso de resíduos na indústria, e de restos de cultura, para obtenção de álcool, bromelina, amido e ração animal.
- Testar sistemas de produção, incluindo aqueles para obtenção de mudas sadias.

Efeitos de reguladores vegetais

A pulverização com reguladores vegetais do grupo das morfactinas, durante a fase inicial de desenvolvimento da inflorescência, pode transformar flores em mudas. A morfactina comumente usada neste método de propagação rápida do abacaxizeiro é o cloroflurenol, cuja aplicação em dosagens de até 400 $mg.L^{-1}$ pode proporcionar a obtenção de mais de 30 brotações por planta, com peso médio de até 60 g (PY *et al.*, 1984). A aplicação de Paclobutrazol (25 $mg.L^{-1}$) + Tiouréia (500 $mg.L^{-1}$) proporciona uma maior obtenção de mudas por planta (SUWUNNAMEK, 1993).

A aplicação do ácido 2-cloroetilfosfônico (ethephon) é capaz de impedir a abertura das flores do abacaxizeiro assim como a produção de néctar, sem contudo afetar significativamente o desenvolvimento do fruto, haja vista este ser partenocárpico. A aplicação desse regulador vegetal é feita logo após o surgimento da inflorescência (CUNHA, 1980).

Outro emprego dos reguladores vegetais é na uniformização da maturação do fruto. O ethephon na dose de 1 a 2 kg do i.a.ha^{-1}, aplicado de 5 a 15 dias antes da colheita prevista, uniformiza a maturação do fruto, antecipa e concentra a colheita (CASTRO & FACHINELLO, 1993).

Foto 2 – *Efeito do Fruitone no desenvolvimento do fruto do abacaxizeiro com relação ao controle não-tratado.*

SAMPAIO *et al.* (1994) observaram que a aplicação do ácido 2,3-clorofenoxipropiônico (Fruitone 7,5%), com ação auxínica, na dose 900 mg.L^{-1} em abacaxi 'Smooth Cayenne', aumentou em cerca de 20% o tamanho médio dos frutos, com aumentos também na produtividade. Fruitone aumenta o teor de auxina na infrutescência, incrementando sua força de dreno de carboidratos e sua dimensão (Foto 2).

Senescência

A senescência pode ser definida como um complexo de eventos catabólicos que, caso não sejam revertidos, levam à morte da célula, órgão ou organismo. O abacaxizeiro é uma planta perene, possuindo em seu ciclo três fases distintas que caracterizam a sua perenidade:

- *Vegetativa*: se estende desde o plantio até a diferenciação floral.
- *Produtiva*: da diferenciação floral à colheita dos frutos.
- *Propagativa*: inicia-se na fase produtiva, segue-se à colheita do fruto e abrange o desenvolvimento e a colheita das mudas (CUNHA *et al*., 1994).

À medida que é efetuada a colheita ao final da fase produtiva, há possibilidade do aproveitamento de várias partes da planta (fase propagativa) para a implantação de uma nova fase vegetativa.

Os frutos, após o amadurecimento, iniciam um processo de senescência, caracterizado pela predominância dos processos degradativos sobre os processos de síntese. Nessa fase, o fruto apresenta uma elevada taxa de desidratação e respiração, resultando em perdas irreversíveis de qualidade. Além disso, o aumento na fragilidade dos tecidos favorece a incidência de patógenos, levando rapidamente o fruto à senescência e morte (GORTNER *et al*., 1967).

Resíduos

O abacaxizeiro é uma planta na qual apenas 22,5% corresponde à polpa do fruto que é comestível e altamente industrializada. Dos 77,5% restantes, a casca contribui com 4,5% e a parte vegetativa (folhas, caule e coroa), com 73%. Essa elevada fração da planta (77,5%) é praticamente inaproveitável e apresenta composição, em termos de carboidratos (amido, açúcares, celulose, hemicelulose), proteínas e enzimas proteolíticas, que lhe conferem características excelentes para obtenção de bromelinas.

Bibliografia

ALFONSI, R.R.; SENTELHAS, P.C.; ESPIRONELO, A. "Temperatura-base e graus-dia para duas variedades de abacaxizeiro em São Paulo". *In*: Congresso Brasileiro de Fruticultura, 13, Salvador, 1994. *Resumos*. Salvador, SBF, v.1, pp. 51-52, 1994.

AZIS, T.; YUEN, J.E.; HABTE, M. "Response of pineapple to mycorrhizal inoculation and fosetyl-Al treatment". *Communications in Soil Science and Plant Analysis*, v.21, pp.19-20, 1990.

BARTHOLOMEW, D.P.; KADZIMINN, S.B. "Pineapple". *In*: ALVIM, P. T.; KOZLOWSKI, T.T. *Ecophysiology of tropical crops*. Nova York: Academic Press, pp. 113-156, 1977.

BEZERRA, J.E.F.; MAAZE, V.C.; SANTOS, V.F.; LEDERMAN, I.E. "Efeito da adubação nitrogenada, fosfatada e potássica na produção e qualidade do abacaxi cv. Smooth Cayenne". *Revista Brasileira de Fruticultura*, v.3. nº 1., pp.1-5, 1981.

BONZON, B. "Observations préliminaires sur la croissance et al développment racinaire d'*Ananas comosus* (L.) Mer. Cayenne Lisse". *Journal West African Science Association*. v. 14, nº 1/2, pp.73-78, 1969.

CASTRO, P.R.C.; FACHINELLO, J.C. "Aplicações de reguladores vegetais em fruticultura". Piracicaba: ESALQ/CENA, 13 p., (*Boletim Técnico*, 2), 1993.

CHALFOUN, S.M. "Obtenção e manejo de mudas do abacaxizeiro". *Informe Agropecuário*, v.7, nº 74, pp.15-18, 1981.

COLLINS, J.L. *The pineapple: botany, cultivation and utilization*. Londres, Leonard Hill, 294 p., 1960.

CONNELLY, P.R.; BARTHOLOMEW, D.P. "Effects of temperature on carbon fixation by pineaple". *Plant Physiology,* v.44, 30 p., 1969.

COTE, F.X.; FOLLIOT, M.; ANDRE, M. "Photosynthetic crassulacean acid metabolism in pineapple: diel rhythm of CO_2 fixation, water use, and effect of water stress". *Acta Horticulturae,* v.334, pp. 113-129, 1993.

CUNHA, G.A.P. "Efeitos de fitorreguladores na abertura de flores e aspectos qualitativos e quantitativos do abacaxizeiro 'Pérola'". *Pesquisa Agropecuária Brasileira*, v.15, nº 4, pp. 423-429, 1980.

CUNHA, G.A.P.; MATOS, A.P.; CABRAL, J.R.S.; SOUZA, L.F.S.; SANCHES, N.F.; REINHARDT, D.H.R.C. *Abacaxi para exportação: aspectos técnicos de produção*. Brasília: EMBRAPA - SPI, 41p. (Série Publicações Técnicas FRUPEX, 11), 1994.

GIACOMELLI, E.J.; PY, C. "L'ananas au Brésil". *Fruits*, v.36, n.11, pp. 645-687, 1981.

GORTNER, W.A.; DULL, G.G.; KRAUSS, B.H. "Fruit development, maturation, ripening and senescence: a biochemical basis for horticultural terminology". *Hort Science*, v.2, nº 4, pp. 141-144, 1967.

HAAG, H.P.; ARZOLLA, S.; MELLO, F.A.F; BRASIL SOBRINHO, M.O.C.; OLIVEIRA, E.R.; MALAVOLTA E. "Estudos sobre a alimentação mineral do abacaxizeiro". *Anais da Escola Superior de Agricultura "Luiz de Queiroz"*. v.20, pp. 34-40, 1963.

JAISME-VEGA, M.C.; AZCON, R. "Effect of vesicular-arbuscular mycorrhizal fungi on pineapple (Ananas comosus (L.) Merril) in the Canary Islands". *Fruits*, v.46, nº 1, pp. 47-50, 1991.

LACOEUILHE, J.J.; PY, C. "La croissance de la feuielle d'ananas en Côte-d'Ivore". *Fruits*, v.29, nº 11, pp.709-715, 1974.

MALAVOLTA, E. *Manual de química agrícola – Nutrição mineral de plantas e fertilidade do solo*. São Paulo, Ceres, 528p., 1976.

MALAVOLTA, E.; HAAG, H.P.; MELLO, F.A.F.; BRASIL SOBRINHO, M.O.C. *Nutrição mineral de plantas cultivadas*. São Paulo, Livraria Pioneira, 752 p.,1974.

MARGARIDO, S.M.F. *Abacaxi: "o rei dos frutos": métodos para o cultivo*. São Paulo, Ícone, 77p, (Coleção Brasil Agrícola), 1991.

MIN, X.; BARTHOLOMEW, D.P. "Effects of growth regulators on ethylene production and floral initiation of pineapple". *Acta Horticulturae*, v.334, pp. 101-112, 1993.

PAULA, M.B.; CARVALHO, J.G.; NOGUEIRA, F.D.; SILVA, C.R.R. "Exigências nutricionais do abacaxizeiro". *Informe Agropecuário*, v.11, nº 130, pp. 27-32, 1985.

PY, C. *La piña tropical*. Barcelona: Blume, 228p., 1969.

PY, C.; LACOEVILHE, J.J.; TEISSON, C. *L'ananas sa culture, ses produits*. Paris, Maisonneuve et Larose et ACCT, 562p., 1984.

SAMPAIO, A.C.; CUNHA, R.J.P.; CUNHA, A.R. "Ação do nitrogênio, épocas de plantio e do ácido 2,3-clorofenoxipropiônico sobre a produtividade do abacaxizeiro". *In*: Congresso Brasileiro de Fruticultura, 13, Salvador, 1994. *Resumos*. Salvador: SBF, v.1, pp. 25-26, 1994.

SIDERES, C.P.; YOUNG, H.Y.; CHUN, H.H.Q. "Diurnal changes and growth rates as associated with ascorbic acid, titatrable acidity, carbohydrate and nitrogenous fractions in the leaves of *Ananas comosus* (L.) Merrill." *Plant Physiology*, v.23, pp. 39-69, 1948.

TISSEAU, R. "Activité protéolytique de l'ananas utilisé en conserverie et de ses déchets. Recherché téchnique simplitiée d'extraction de la broméline". *Fruits*, v.32, nº 2, pp. 87-92, 1977.

VAN OVERBEEK, J.; CRUZADO, H.J. "Note on flower formations in the pineapple induced bylow night temperatures". *Plant Physiology*, v.23, pp. 282-285, 1948.

Maracujazeiro

Passiflora sp.

RICARDO A. KLUGE

Origem e distribuição geográfica

O maracujá, que na linguagem tupi significa "alimento em forma de cuia", tem como centro de origem as regiões tropicais da América do Sul, sendo que mais de 150 espécies são nativas do Brasil (MELETTI, 1995). Esta fruteira encontra-se amplamente dispersa geograficamente, sobretudo nos países tropicais e subtropicais. Plantações comerciais são encontradas, além do Brasil, em países como Austrália, Índia, Nova Guiné, Quênia, África do Sul, Colômbia e Costa Rica, entre outros.

Classificação botânica

Segundo A. Engler e A. Cronquist, o maracujazeiro possui a seguinte classificação botânica:

	Engler	Cronquist
Divisão	Angiospermae	Magnoliophyta
Classe	Dicotyledoneae	Magnoliatae
Subclasse	Archichlamydeae	Dillenidae
Ordem	Parietales	Violales
Subordem	Flacourtiineae	———
Família	Passifloraceae	Passifloraceae

HUTCHINSON (1926) considera que a família Passifloraceae pertence à ordem Passiflorales, surgida do desdobramento da ordem Parietales em dez outras ordens.

Dentro da família Passifloraceae, são encontrados cerca de 15 gêneros e mais de 380 espécies, sendo que no Brasil há referências da presença dos gêneros *Dilkea e Passiflora*, esta última, a mais representativa.

As espécies cultivadas no Brasil e em outras partes do mundo, com seus respectivos nomes comuns, são:

- *Passiflora edulis* Sims. f. *flavicarpa* Deg. ⇒ maracujá amarelo ou azedo;
- *Passiflora edulis* Sims. *var. edulis* ⇒ maracujá roxo;
- *Passiflora alata* Ait. ⇒ maracujá doce;
- *Passiflora ligularis* Juss. ⇒ granadilla.

No Brasil, o maracujá amarelo detém cerca de 90% da área plantada. Os restantes 10% referem-se aos plantios com o maracujá roxo e doce. A granadilla é cultivada na região dos Andes e na América Central.

Ainda existem as espécies selvagens *P. caerulea* L., *P. macrocarpa* Mast.; *P. setacea*; *P. coccinea*; *P. giberti e P. maliforme* (maracujá-maçã), encontradas em algumas regiões brasileiras, porém com pouca expressão econômica.

Morfologia

O maracujazeiro é uma planta trepadeira de grande porte, possui caule lenhoso e lignificado na base, enquanto no ápice é herbáceo e pouco lignificado. Do caule, geralmente semiflexível, surgem as gemas vegetativas, cada uma originando uma folha, uma gavinha de fixação e uma flor (SILVA & SÃO JOSÉ, 1994; MELETTI, 1995).

As folhas são simples, lobadas ou digitadas, com bordos lisos ou serrados, alternadas e glandulosas.

As flores do maracujazeiro são completas, solitárias, axilares, protegidas por brácteas foliares, pedunculadas e diclamídeas (cálice e corola). O cálice e a corola são pentâmeros (cinco sépalas e cinco pétalas, respectivamente); possui também cinco estames. As anteras são grandes e o pólen é amarelo e pesado. Acima do androceu encontra-se o ginóforo, com ovário tricarpelar; sobre o ovário encontra-se o estigma tripartido formando três tipos de flores de acordo com a curvatura do estilete. Suas flores possuem cor atraente, vistosas, perfumadas e com abundância de néctar, exercendo forte atração sobre insetos polinizadores (MELETTI, 1995).

O fruto é uma baga globosa, apresentando tamanho, formato, peso, coloração e sabor variados, conforme a espécie. A polpa geralmente é amarela-alaranjada e possui de duzentas a trezentas sementes.

O sistema radicular é pivotante ou axial, contendo uma raiz principal com diâmetro superior às laterais. CARVALHO (1987), estudando o sistema radicular do maracujazeiro amarelo, constatou ser ele superficial, com aproximadamente 70% do volume de raiz localizado nos primeiros 40 cm de profundidade, e concentrado numa área de pequeno diâmetro ao redor do tronco, com ¾ do volume radicular localizados a 20 cm de distância do caule. Essas características podem ser úteis para as recomendações de adubação, planejamento de irrigação suplementar e aumento na densidade de plantio, buscando um melhor aproveitamento da área e maiores produções.

Propagação

O maracujazeiro pode ser propagado tanto via sexual como assexual. A propagação por sementes apresenta alguns inconvenientes como alta variabilidade de pomares, agravada pela auto-incompatibilidade da espécie, e produção de frutos heterogêneos (MELETTI & NAGAI, 1993; CEREDA *et al.*, 1994). A propagação vegetativa, que pode ser efetuada por estaquia ou enxertia, resulta de plantações mais uniformes e com potencial produtivo maior. CEREDA *et al.* (1994) observaram, para o maracujá amarelo e doce, além de uma maior produção obtida em plantas propagadas por estacas, uma precocidade de colheita devido à ausência de juvenilidade das plantas.

O sucesso da germinação da semente do maracujá está ligado ao seu preparo. As sementes devem ser retiradas de frutos pertencentes a plantas de pomares sadios, bem conduzidos e de boa produção. Para extrair as sementes, cortam-se os frutos e separam-se as sementes da polpa através de fermentação natural por três a cinco dias. Em seguida, as sementes são lavadas em peneiras e água corrente e secadas à sombra em papel absorvente (PIZA JÚNIOR, 1991). Podem-se conservar as sementes em geladeira, embaladas em saco plástico, por até um ano. Em condições ideais de temperatura e umidade, a germinação da semente se dá de 20 a 30 dias após o seu plantio (TEIXEIRA, 1994). As sementes conservadas refrigeradas apresentam a máxima germinação aos seis meses.

Ao optar-se por propagação por estacas, estas devem ser retiradas da porção mediana ou apical dos ramos, conter três ou quatro gemas e diâmetro entre 7 e 8 mm. No seu preparo, faz-se um corte transversal próximo a gema inferior e outro em bisel no seu ápice (MELETTI & NAGAI, 1992; TEIXEIRA, 1994). Em trabalho realizado por MELETTI & NAGAI (1992) foi verificado, para os maracujazeiros amarelo e doce, que não há necessidade de aplicação de reguladores vegetais para obter-se o enraizamento, desde que sejam mantidas as folhas ou parte delas nas estacas. A aplicação de auxinas sintéticas (IBA ou NAA) nas estacas não substitui a presença das folhas, havendo, portanto, baixo enraizamento em estacas sem folhas e tratadas com o regulador vegetal (CEREDA & FIGUEIREDO, 1987). Sabe-se que as folhas servem como produtoras de cofatores de enraizamento.

RUGGIERO *et al*. (1994) preconizam a enxertia como uma forma de multiplicação para o maracujazeiro que resulta em vantagens, como a produção de plantas semelhantes, mais resistentes às pragas e doenças e à seca; redução no volume de copa e melhoria na qualidade de suco. Segundo os autores, as enxertias mais recomendadas para o maracujazeiro são as do tipo 'fenda cheia' e 'inglês simples'.

Crescimento e desenvolvimento

O crescimento do maracujazeiro amarelo e roxo, expresso em peso de matéria seca de raízes, caule, folhas, fruto e comprimento do caule, foi objeto de estudo de HAAG *et al.* (1973). Conforme verificado na Tabela 1, observa-se que as raízes apresentam um crescimento lento até 190 dias após o plantio da muda, seguido de uma rápida expansão radicular, dos 220 aos 310 dias, quando começa a estabilizar.

O caule e as folhas possuem um intenso crescimento entre 250 e 340 dias, sendo que o caule atinge cerca de 8 metros aos 370 dias.

O fruto, que surge aproximadamente a partir de 260 a 280 dias após o plantio, apresenta um crescimento bastante ativo até os 340 dias, estabilizando em seguida.

Tabela 1 - Crescimento do maracujá amarelo e roxo, nas condições de São Paulo.

	Idade (dias)								
	130	160	190	220	250	280	310	340	370
Comprimento da rama (cm)									
Amarelo	7,5	20,2	96,0	200,0	361,5	490,0	615,0	730,0	820,0
Roxo	6,5	19,7	106,0	195,0	329,0	500,0	590,0	700,0	770,0
Raízes (matéria seca - g/planta)									
Amarelo	—	0,3	1,7	4,2	46,7	72,5	146,0	184,3	141,9
Roxo	—	0,2	1,8	7,1	32,0	58,4	109,6	133,0	156,3
Caule (matéria seca - g/planta)									
Amarelo	—	—	9,0	61,0	102,9	1410,0	1259,0	2795,5	3153,0
Roxo	—	—	11,3	75,0	91,2	1255,0	1532,0	2353,0	2870,0
Folhas (matéria seca - g/planta)									
Amarelo	—	—	11,9	69,4	84,6	818,5	1762,0	2189,3	2400,0
Roxo	—	—	13,8	71,4	109,4	824,7	1158,6	1475,0	2080,0
Frutos (matéria seca - g/planta)									
Amarelo	—	—	—	—	—	194,2	1300,0	2283,0	2669,4
Roxo	—	—	—	—	—	302,4	1842,0	2009,0	2156,6
Total (matéria seca - g/planta)									
Amarelo	0,28	2,7	22,6	129,6	234,5	2495,7	4467,0	7461,8	8364,3
Roxo	0,20	3,8	26,9	153,5	303,5	7440,5	4641,6	5970,5	7183,7

Fonte: HAAG *et al.* (1973).

VASCONCELLOS *et al.* (1993) verificaram que frutos de maracujazeiro doce apresentam um rápido crescimento até 46 dias após a polinização, seguido de uma diminuição e novo aumento durante a formação do suco, entre os 60 e 74 dias.

Efeitos de fatores ecológicos

Temperatura – a faixa mais adequada para a exploração comercial do maracujá situa-se entre 20 e 32°C; faixa ótima localiza-se entre 26 e 27°C. O maracujá amarelo não tolera geadas e ventos frios, enquanto o maracujá roxo possui alguma resistência às geadas curtas (TEIXEIRA, 1994; MELETTI, 1995). As baixas temperaturas favorecem a queda prematura de flores e frutos e interrompem a produção constante (PIZA JÚNIOR, 1991).

Foto 1 – Maracujazeiro (Passiflora edulis) *conduzido em sistema de espaldeira.*

UTSUNOMIYA (1992) estudou os efeitos de diferentes temperaturas diurnas/noturnas sobre a cultura do maracujá, tendo encontrado resultados variados conforme o parâmetro avaliado e a temperatura utilizada. Verificou que o crescimento do caule, o florescimento, a fixação dos frutos e a qualidade foram maiores sob temperaturas de 28/23°C (dia/noite). As brotações laterais tiveram maior crescimento em temperaturas mais altas (33/28°C) porém a produção e a qualidade foram baixas nessas temperaturas. Paralelamente, UTSUNOMIYA & SUBHADRABANDHU (1992) observaram que a fixação dos frutos foi reduzida em temperatura de 30/25°C, se comparada com 20/15°C, devido ao menor número de óvulos encontrados na temperatura mais alta.

A temperatura atua também sobre a acumulação de nutrientes minerais na planta. A acumulação máxima de nutrientes na parte aérea (g/planta), bem como a concentração máxima (% no tecido) da maioria dos nutrientes, ocorre a uma temperatura diurna de 25°C e noturna de 20°C. Em temperaturas superiores, aumenta o nível de potássio e diminuem os níveis de nitrogênio, enxofre e magnésio (MENZEL *et al.*, 1987).

Umidade – o maracujazeiro requer uma boa e bem distribuída precipitação pluviométrica. Cerca de 800 a 1.700 mm anuais são requeridos para um bom desempenho da cultura. É uma espécie que resiste às curtas estiagens, porém períodos prolongados de seca retardam o seu desenvolvimento e florescimento, podendo causar desfolhamento e queda prematura de flores e frutos. Por outro lado, elevadas e freqüentes precipitações durante o florescimento prejudicam a produção, pois afetam a atividade de insetos polinizadores e inviabilizam o grão de pólen (TEIXEIRA, 1994, MELETTI, 1995). Além disso, o excesso de umidade no solo pode favorecer o desenvolvimento de podridões radiculares, principalmente a fusariose, um dos fatores limitantes da cultura.

A pluviosidade, quando adequada, proporciona quantidade de umidade suficiente no solo para atender às necessidades da planta. O déficit hídrico no solo reduz a acumulação total de nutrientes na parte aérea da planta, diminui o crescimento dos ramos e a abertura dos botões florais (MENZEL *et al.*, 1986).

Tabela 2 – Efeito do nível de água no solo sobre o comprimento do caule, número de nós, área foliar, número de gemas floríferas, número de flores completamente desenvolvidas e número de frutos fixados.

	Potencial hídrico do solo (MPa)*			
	-0,003	-0,013	-0,02	-0,05
Comprimento do caule (cm)	330	305	277	262
Número de nós	47,7	43,2	40,7	39,5
Área foliar (mm²)	485.800	379.200	334.000	325.400
Número de gemas floríferas	12,00	14,17	5,67	3,33
Número de flores completamente desenvolvidas	10,83	12,00	4,33	2,83
Número de frutos fixados	8,50	9,67	3,33	2,17

Fonte: STAVELEY & WOLSTENHOME (1990)

*MPa = megapascal = tensão da água no solo.

STAVELEY & WOLSTENHOLME (1990) relatam que o estresse hídrico é um dos principais fatores ambientais responsáveis pelas flutuações estacionais de produção do maracujazeiro. Os pesquisadores submeteram o maracujazeiro roxo a diferentes níveis de água no solo e constataram que valores de potencial hídrico do solo acima de -0,02 MPa resultam em queda de produção por afetar a diferenciação floral e a fixação dos frutos. Alguns resultados deste trabalho encontram-se na Tabela 2.

Luminosidade – o maracujazeiro é uma planta que necessita de dias longos para florescer, por isso é considerada uma planta de 'dias longos' (PDL). O fotoperíodo crítico para esta espécie é 11 horas de luz.dia^{-1}. Devido à sua sensibilidade ao fotoperíodo, torna-se importante a escolha de regiões com latitude e exposição solar que favoreçam as melhores condições para o florescimento.

A baixa intensidade luminosa provoca o alongamento dos ramos, porém reduz a área foliar, o peso da matéria seca da parte aérea e o número de botões florais. A redução na matéria seca se deve ao estiolamento e à redução no acúmulo de nutrientes sob condições de deficiência luminosa. Com pouca luz, a porcentagem de cálcio, magnésio, ferro, enxofre e zinco nos tecidos aumenta, enquanto a concentração de fósforo diminui. Por outro lado, não há alteração em plantas sombreadas, na concentração de nitrogênio, potássio, manganês, sódio, cobre e boro, segundo dados de MENZEL & SIMPSON (1988). Os mesmos autores consideram que a produção do maracujazeiro diminui em situações de irradiância da ordem de 2,1 a 6,3 MJ.m^{-2}.dia^{-1}, se comparada com valores de 10,5 a 20,3 MJ.m^{-2}.dia^{-1}.

Altitude – em termos gerais, podem-se cultivar maracujás em locais com altitudes que variam de 100 a 1.500 metros, desde que atendam às necessidades de temperatura e fotoperíodo. O plantio em baixadas só é aconselhado se o terreno for bem drenado, evitando a ocorrência de fungos de solo. Da mesma forma, o plantio em encostas deve ser realizado de maneira a expor a plantação à maior incidência de radiação solar possível, evitando, porém, os ventos frios.

Vento – este fator ecológico pode, em algumas circunstâncias, ser limitante à cultura do maracujá. Em locais de ventos fortes há dificuldade de apoio da planta no sistema de condução. Além disso, os ventos frios e fortes podem prejudicar o desempenho dos agentes polinizadores. Desta maneira, dependendo da situação, o uso de quebra-ventos pode ser imprescindível. BERNARDES *et al.* (1996) trataram das práticas de prevenção dos danos causados por ventos.

Solos e nutrição

O maracujá requer solos areno-argilosos, profundos, levemente ácidos (pH entre 5 e 6,6), com boa drenagem e preferencialmente ricos em matéria orgânica. Solos excessivamente arenosos não são recomendados para a cultura, devido à dificuldade no armazenamento de água e favorecimento de nematóides. Do mesmo modo, solos pesados e sujeitos ao encharcamento também são contra-indicados, devido à dificuldade de drenagem que favorece a ocorrência de podridões nas raízes (PIZA JÚNIOR, 1991; TEIXEIRA, 1994; MELETTI, 1995).

Quimicamente, o solo deve ter uma adequada saturação de bases, evitando o excesso de alumínio trocável. Sua acidez excessiva pode ser corrigida por meio da calagem, e a baixa fertilidade, com fertilizantes (MALAVOLTA, 1994).

Conforme dados de HAAG *et al.* (1973), a absorção de nutrientes minerais por parte do maracujazeiro amarelo e roxo aumenta a partir de 250 dias de idade, ou seja, aproximadamente um mês antes do aparecimento do fruto. Na análise realizada aos 370 dias, os autores verificaram que os macronutrientes mais requeridos para o maracujá amarelo foram, em ordem decrescente, N>K>Ca>S>P>Mg, e para o maracujá roxo, N>Ca>K>S>P>Mg. Quanto aos micronutrientes, os requerimentos para as duas espécies seguem a seguinte ordem: Mn>Fe>Zn>B>Cu. AGUIRRE (1977) verificou a quantidade de macro e micronutrientes extraída pelo maracujá amarelo avaliado aos 262 dias (Tabela 3), comprovando a elevada demanda do maracujazeiro por nitrogênio, potássio e cálcio.

MENZEL *et al.* (1991) relatam que o maior crescimento e produtividade do maracujazeiro estão associados com a concentração de nitrogênio foliar na faixa de 4,5 a 5,5%.

Tabela 3 – Quantidades de nutrientes extraídas pelo maracujá amarelo aos 262 dias de idade (1.500 plantas/ha).

Macronutrientes	kg	Micronutrientes	g
nitrogênio	17,34	boro	49,35
fósforo	1,71	cobre	9,73
potássio	16,81	manganês	21,63
cálcio	9,40	ferro	380,10
magnésio	1,90	molibdênio	0,40
enxofre	3,45	zinco	14,55

Fonte: AGUIRRE (1977).

A deficiência dos nutrientes minerais apresenta efeitos e sintomas variados nas plantas, e todos se refletem sobre a produtividade da cultura. O nitrogênio, quando em deficiência, diminui o crescimento da planta e, em casos mais graves, ela não desenvolve ramos laterais. A escassez de fósforo implica retardamento no desenvolvimento dos ramos laterais, diminuição da floração e queda prematura de frutos. A baixa disponibilidade de potássio, por sua vez, atrasa a floração e diminui o tamanho dos frutos. A deficiência de cálcio, magnésio e enxofre diminui consideravelmente o crescimento da planta e, conseqüentemente, a produção (BLONDEAU & BERTINI, 1978 e 1980).

Florescimento e polinização

O maracujazeiro, apesar de possuir flores completas, necessita de polinização cruzada, uma vez que o pólen, pesado, não consegue ser carregado pelo vento até a parte feminina, que se localiza acima das anteras. Além disso, mesmo que chegasse até o estigma não haveria a polinização devido ao fato de a espécie ser auto-incompatível (MELETTI, 1995). A incompatibilidade é atribuída à falta de viabilidade do pólen em fertilizar o óvulo.

De acordo com a curvatura do estilete, as flores do maracujazeiro podem ser de três tipos:

- *totalmente curvas (TC):* o estigma fica no mesmo plano ou um pouco abaixo das anteras;

- *parcialmente curvas (PC):* o estilete e o estigma começam a dobrar-se em direção das anteras;
- *sem curvatura (SC):* o estilete e o estigma encontram-se na vertical.

Para um bom desempenho econômico da cultura, é necessário que a planta apresente o máximo de flores TC, o que facilita a polinização cruzada, efetuada principalmente por mamangavas (*Xilocopa* sp.). As flores PC apresentam no máximo 25% de polinização, enquanto para as SC não há possibilidade de polinização, mesmo realizando-a manualmente. RUGGIERO *et al.* (1975) verificaram, através de cortes realizados nos ovários, que as flores SC apresentaram menor quantidade de núcleos em divisão (5) se comparadas com as flores TC e PC (47), responsabilizando este fato pela não-frutificação das plantas possuidoras de flores SC.

Para o florescimento do maracujazeiro são necessárias temperaturas de no mínimo 25°C, associadas a dias longos (mínimo de 11 horas de luz.dia^{-1}). Essa exigência, mais ou menos atendida, determina o comprimento da safra nas diferentes regiões do país. Enquanto nas regiões Sul e Centro-Oeste podem-se colher os frutos durante seis e nove meses, respectivamente, no Nordeste colhe-se o ano todo (MELETTI, 1995).

Frutificação e colheita

Após a polinização e fertilização das flores, inicia-se o desenvolvimento do fruto. A sua completa maturação, a partir da polinização, ocorre num período de 60-70 dias (TEIXEIRA, 1994).

O fruto do maracujazeiro apresenta o padrão climatérico de respiração, o que corresponde a um súbito aumento na sua taxa respiratória durante a fase de maturação, desencadeado pela produção autocatalítica de etileno. Ao atingir o pico climatérico, são alcançadas as máximas características sensoriais de qualidade.

A maior importância econômica dos frutos do maracujazeiro está no produto industrializado sob a forma de suco integral ou concentrado, devido às suas características exóticas e sensoriais e, também, sob aspecto nutricional, por seus teores de vitaminas, sais minerais e carboidratos. Normalmente, a colheita é realizada após a queda natural dos frutos. Esta prática resulta em aumento na desidratação dos frutos e na incidência de patógenos existentes no solo (CASTRO, 1994). Além disso, o fato de o fruto ter sofrido abscisão natural, demonstra que ele atingiu a fase de senescência e já houve perdas irreversíveis de qualidade. Este fato pode ser comprovado pelo trabalho realizado por URASHIMA & CEREDA (1989). Estes autores verificaram que no período de 20 dias antes da queda natural (aproximadamente 60 dias após a antese), os frutos apresentaram o seu máximo peso e os maiores teores de açúcares, havendo, em seguida, uma redução nessas características, fatos esses típicos da transição entre o amadurecimento e a senescência.

Foto 2 - *Frutos de maracujazeiro.*

Zoneamento agroclimático

As regiões tropicais, caracterizadas por dias longos, com no mínimo 11 horas de luz e temperaturas entre 20-32°C, são consideradas como preferenciais para o cultivo do maracujá. Nessas regiões, a produção ocorre durante todo o ano. Em regiões com baixas temperaturas e dias curtos no inverno, a produção é sazonal, com colheitas realizadas durante seis a nove meses por ano. As regiões caracterizadas por apresentarem geadas freqüentes são consideradas inaptas para o plantio desta frutífera. O mesmo é válido para regiões excessivamente chuvosas, por afetar a polinização, ou com secas prolongadas, que favorecem a queda prematura de frutos.

Estratégias para altas produções

A polinização artificial é atualmente prática imprescindível em pomares comerciais de maracujá, podendo alcançar rendimentos até 50% maiores do que pomares conduzidos apenas com polinização natural. É efetuada manualmente e só alcança bons resultados quando realizada no momento adequado, já que há diferenças nos horários de maior abertura floral conforme a espécie de maracujá. Desta forma, para o maracujá amarelo, o melhor horário para a realização da polinização manual é entre 13h30 e 17h, enquanto para o maracujá roxo a polinização artificial pode ser realizada durante o período da manhã. Para o maracujá doce, pode ser feita durante todo o dia.

A utilização de cultura de atração de agentes polinizadores pode resultar em aumentos significativos de produção. Para isso, são utilizadas culturas de flores grandes e amarelas, de forma intercalada ou localizadas próximas ao pomar. As espécies passíveis de utilização são o girassol, *Crotalaria juncea* e *Cassia* spp. (MELETTI, 1995).

O manejo adequado da adubação orgânica pode resultar em aumento na produção. MELETTI *et al*. (1994) verificaram que a adubação na cova, com esterco de galinha ou esterco bovino em doses adequadas, apresenta a melhor combinação entre alta produtividade, maior percentual de frutos sadios e com padrão comercial. Os mesmos pesquisadores consideram ser inadequada a adubação em cobertura com adubos orgânicos devido ao aumento das doenças fúngicas.

Efeitos de reguladores vegetais

A aplicação de auxinas sintéticas, como ácido indolbutírico (IBA), aumenta o enraizamento de estacas do maracujazeiro, conforme trabalho realizado por CEREDA & FIGUEIREDO (1987). Os autores verificaram que estacas com folhas, previamente tratadas com IBA (1.000 $mg.kg^{-1}$), alcançaram um enraizamento de 100%, ao passo que os valores alcançados para estacas não-tratadas foi 32%.

O etileno, envolvido no processo de maturação dos frutos, pode ser aplicado em pós-colheita, na dosagem de 10 $ml.L^{-1}$, resultando em melhoria na qualidade e uniformidade de maturação (ARJONA & MAT-

TA, 1991). Esse tipo de tratamento é importante, uma vez que é propiciada a colheita dos frutos antes do pico climatérico, evitando sua queda natural e, conseqüentemente, as perdas por desidratação e patógenos. A aplicação do etileno exógeno em frutos pré-climatéricos induz a produção autocatalítica deste hormônio, desencadeando o processo de amadurecimento do fruto. CASTRO *et al* (1976) observaram que o confinamento dos frutos do maracujá em embalagem de polietileno e aplicação de ácido giberélico retardam a degradação da clorofila na casca.

Senescência

O maracujazeiro é uma planta perene, porém tem sua produção severamente afetada a partir do 5º ano de produção, sendo considerada, portanto, uma espécie de curta vida econômica se comparada com outras frutíferas perenes. O maior rendimento cultural, segundo TEIXEIRA (1994), é obtido no segundo ou terceiro ano de plantio, diminuindo posteriormente. É aconselhável substituir as plantas a partir do 5º ano de exploração.

Resíduos

O suco é o principal produto econômico obtido a partir do fruto. Entretanto, há possibilidade de aproveitamento dos resíduos industriais, principalmente a partir da casca e das sementes.

A casca dos frutos pode ser aproveitada por procedimentos apropriados para a extração de pectina, que é comparável a outras pectinas comerciais, como a dos citros. Outra possível utilização da casca é a sua adição, após preparo prévio, à ração animal (TOCCHINI *et al.*, 1994).

As sementes do maracujá podem ser utilizadas para a extração de óleo que, após refinamento, pode ser utilizado para fins comestíveis ou industriais. As sementes constituem cerca de 11% do peso total do fruto e contém aproximadamente 23% de óleos com características semelhantes às do óleo de gergelim, soja e outros óleos vegetais (TOCCHINI *et al.*, 1994).

Bibliografia

AGUIRRE, A.C.P. *Nutrição mineral de maracujá amarelo (Passiflora edulis* Sims. f. *flavicarpa Deg.).* Piracicaba, Dissertação (M.S.) 116 p., Escola Superior de Agricultura "Luiz de Queiroz", Universidade de São Paulo, 1977.

ARJONA, H.E.; MATTA, F. "Postharvest quality of passion fruit as influenced by harvest time and ethylene treatment". *Hort Science,* v.26, nº 10, pp.1297-1298, 1991.

BERNARDES, M.S.; CASTRO, P.R.C.; MARTINS, A.N. *Formação da copa e resistência de árvores ao vento: modelo da seringueira.* Piracicaba, FEALQ, 88 p., 1996.

BLONDEAU, J.P.; BERTINI, Y. "Carences minérales chez la grenadille (*Passiflora edulis* Sims. var. *flavicarpa*). I – Carences totales en N - P - K - Ca - Mg. Croissance et développement". *Fruits,* v.33, nº 6, pp. 433-443, 1978.

BLONDEAU, J.P.; BERTINI, Y. "Carences minérales chez la grenadille (*Passiflora edulis* Sims. var. *flavicarpa*). III – Carences partielles en N - P - K - Ca - Mg. Croissance et développement". *Fruits,* v.35, nº 6, pp. 361-367, 1980.

CARVALHO, S.L.C. "Estudo da distribuição do sistema radicular do maracujazeiro amarelo." *In*: Congresso Brasileiro de Fruticultura, 9, Campinas, 1987. *Anais*. Campinas SBF, v.2, pp. 609-612, 1987.

CASTRO, J.V. II. "Matéria-prima". *In:* Instituto de Tecnologia de Alimentos. *Maracujá.* 2 ed. Campinas: ITAL, pp. 143-160. (Série Frutas Tropicais, 9), 1994.

CASTRO, P.R.C.; LOURENÇO, R.S.; JARK Fº W.; CARELLI, M.L.C.; SOBRAL, L.F. *Efeito de GA, CEPA e confinamento em polietileno na maturação do maracujá* (*Passiflora* edulis Sims). O Solo, v. 68, n. 1, pp. 7-11, 1976.

CEREDA, E.; FERREIRA, G.; PAPA, R.C.R. "Competição dos maracujazeiros *Passiflora edulis* f. *flavicarpa* e *Passiflora alata* através de sementes e estacas". *In:* Congresso Brasileiro de Fruticultura, 13, Salvador, 1994. *Resumos*. Salvador, SBF, v.3, pp. 806-807, 1994.

CEREDA, E.; FIGUEIREDO, G.J.B. "Multiplicação do maracujazeiro através de enraizamento de estacas". *In*: Congresso Brasileiro de Fruticultura, 9, Campinas, 1987. *Anais*. Campinas, SBF, v.2, pp. 631-634, 1987.

HAAG, H.P.; OLIVEIRA, G.D.; BORDUCHI, A.S.; SARRUGE, J.R. "Absorção de nutrientes por duas variedades de maracujá". *Anais da Escola Superior de Agricultura "Luiz de Queiroz"*, v.30, pp. 267-279, 1973.

HUTCHINSON, J. *Families of flowering plants*. I. Dicotyledons. Londres, Macmillan and Co. Ltda., 239 p., 1926.

MALAVOLTA, E. *Nutricion y fertilizacion del maracuya*. Quito, Impofos, 52p., 1994.

MELETTI, L.M.M. "Maracujá: produção e comercialização no Estado de São Paulo". Campinas, IAC, 22p. (*Boletim Técnico,* 158), 1995. (no prelo)

MELETTI, L.M.M.; AMBRÓSIO, L.A.; BERTONI, R.S.; MARTINS, A.L.M. "Efeito de diferentes fontes de matéria orgânica no desenvolvimento e produtividade do maracujazeiro amarelo". *In*: Congresso Brasileiro de Fruticultura, 13, Salvador, 1994. *Resumos*. Salvador, SBF, v.3, pp. 812-813, 1994.

MELETTI, L.M.M.; NAGAI, V. "Enraizamento de estacas de sete espécies de maracujazeiro (*Passiflora* spp.)". *Revista Brasileira de Fruticultura,* v.14, n.2, pp. 163-168, 1992.

MENZEL, C.M.; HAYDON, G.F.; SIMPSON, D.R. "Effect of nitrogen on growth and flowering of passionfruit (*Passiflora edulis* f. *edulis* x *P. edulis* f. *flavicarpa*) in sand culture". *Journal of Horticultural Science*, v.66, nº 6, pp. 689-702, 1991.

MENZEL, C.M.; SIMPSON, D.R. "Effect of continuous shading on growth, flowering and nutrient uptake of passionfruit". *Scientia Horticulturae*, v.35, nº 1/2, pp. 77-88, 1988.

MENZEL, C.M.; SIMPSON, D.R.; PRINCE, G.H. "Effect of foliar applied nitrogen during winter on growth, nitrogen content and production of passionfruit cultivars under low irradiance". *Scientia Horticulturae*, v.28, nº 3/4, pp. 339-346, 1986.

MENZEL, C.M.; SIMPSON, D.R.; WINKS, C.W. "Effect of temperature on growth, flowering and nutrient uptake of three passionfruit cultivars under low irradiance". *Scientia Horticulturae*, v.31, nº 3/4, pp. 259-268, 1987.

PIZA JÚNIOR, C. T. *A cultura do maracujá*. Campinas, CATI, 71p., 1991.

RUGGIERO, C.; LAM-SANCHEZ, A.; MIGUEL, S. "Estudo da incompatibilidade em flores do maracujá amarelo (*Passiflora edulis* f. *flavicarpa* Deg.)". *In*: Congresso Brasileiro de Fruticultura, 3, Rio de Janeiro. 1975. *Anais*. Rio de Janeiro, Universidade Federal Rural, v.2, pp. 491-495, 1975.

RUGGIERO, C.; OLIVEIRA, J.C.; NOGUEIRA FILHO, G.C. "Enxertia do maracujazeiro". *In*: SÃO JOSÉ, A.R. *Maracujá: produção e mercado*. Vitória da Conquista, DFZ/UESB, pp. 49-57, 1994.

SILVA, A.C. da; SÃO JOSÉ, A.R. "Classificação botânica do maracujazeiro". *In*: SÃO JOSÉ, A.R. *Maracujá: produção e mercado*. Vitória da Conquista: DFZ/UESB, pp. 1-5, 1994.

STAVELEY, G.W.; WOLSTENHOLME, B.N. "Effect of water stress on growth and flowering of *Passiflora edulis* (Sims) grafted to *P. caerulea* L." *Acta Horticulturae*, v.275, pp. 551-558, 1990.

TEIXEIRA, C.G. I. "Maracujá". *In*: Instituto de Tecnologia de Alimentos. *Maracujá*. 2ª ed. Campinas, ITAL, pp. 1-142. (Série Frutas Tropicais, 9), 1994.

TOCCHINI, R.P.; NISIDA, A.L.A.C.; HASHIZUME, T.; MEDINA, J.C.; TURATTI, J.M. III. "Processamento: produtos, caracterização e utilização". *In*: Instituto de Tecnologia de Alimentos. *Maracujá*. 2 ed. Campinas: ITAL, pp. 161-195. (Série Frutas Tropicais, 9), 1994.

URASHIMA, A.S.; CEREDA, E. "Estudo do desenvolvimento do fruto do maracujazeiro *Passiflora edulis* Sims f. *flavicarpa* Deg. da polinização à colheita". *In*: Congresso Brasileiro de Fruticultura, 10, Fortaleza, 1989. *Anais*. Fortaleza: SBF, pp. 398-399, 1989.

UTSUNOMIYA, N. "Effect of temperature on shoot growth, flowering and fruit growth of purple passionfruit (*Passiflora edulis* Sims. var. *edulis*)". *Scientia Horticulturae*, v.52, nº 1, pp. 63-68, 1992.

UTSUNOMIYA, N.; SUBHADRABANDHU, S. "Fruit set and fruit growth of purple passionfruit affected by temperature". *Acta Horticulturae*, v.321, pp. 641-647, 1992.

VASCONCELLOS, M.A.S.; CEREDA, E.; ANDRADE, J.M.B.; BRANDÃO FILHO, J.U.T. "Desenvolvimento de frutos do maracujazeiro 'doce' (*Passiflora alata* Dryand), nas condições de Botucatu - SP". *Revista Brasileira de Fruticultura*, v.15, nº 1, pp. 153-158, 1993.

Mangueira

Mangifera indica L.

Ivan A. Alvarez
Paulo R. C. Castro

Origem, dispersão e distribuição

A literatura internacional cita a Ásia, o Sudeste da Índia e Região Indo-Burma como centro de origem da mangueira (*Mangifera indica* L.). A presença de fósseis de uma espécie primitiva, *M. pentandro*, em Assam, e das espécies mais primitivas filogeneticamente semelhantes, *M. duperreana* e *M. longenifera* no Laos, Cambodja e Vietnã, confirma a afirmação anterior. Em alguns casos, *Mangifera indica* L. tem tido uma presença mais marcante no subcontinente Indo-Paquistão, onde muitas variedades horticulturais, de alto padrão, têm se desenvolvido.

Inicialmente, antes de Cristo, a espécie expandiu-se pela Ásia, mais precisamente pelo sudeste asiático, como Filipinas, Indonésia, Java e Tailândia. No Brasil, a mangueira chegou por intermédio dos navegadores portugueses, no século XVI, pelo comércio entre as possessões portuguesas da Índia e Pernambuco (MEDINA, 1981).

Em Barbados, Índias Ocidentais e Jamaica, apareceu no século XVIII. No México, foi introduzida, vinda das Filipinas, em 1779, e nas Índias Ocidentais, no início do século XIX. Do México foi para o Havaí e chegou nos Estados Unidos por volta de 1860. No Egito, Israel e Austrália, a sua entrada é recente (SIMÃO, 1971).

Atualmente, a mangueira está espalhada por todas as regiões tropicais e subtropicais do mundo, praticamente situando-se entre os trópicos, do paralelo 30° Sul ao 30° Norte (DONADIO, 1980).

Classificação botânica, morfologia e anatomia

A classificação da mangueira, conforme A. Engler e A. Cronquist, é descrita abaixo:

	Engler	Cronquist
Divisão	Angiospermae	Magnoliophyta
Classe	Dicotyledoneae	Magnoliopsida
Subclasse	Archichlamydeae	Rosidae
Ordem	Sapindales	Sapindales
Subordem	Anacardiineae	———
Família	Anarcadiaceae	Anarcadiaceae
Gênero	Mangifera	Mangifera
Espécie	*Mangifera indica* L.	*Mangifera indica* L.

Segundo DONADIO (1980), as variedades de mangas podem ser classificadas em dois grupos: a) *Indianas* – monoembriônicas, com frutos coloridos; b) *Indochinesas ou Filipinas* – poliembriônicas, com frutos pálidos ou esverdeados, sem laivos avermelhados. SIMÃO (1955) descreve 45 variedades, das quais 35 nacionais e 10 de origem estrangeira no Brasil, naquela época.

A mangueira é uma planta perene, de grande porte, com copa densa e formato arredondado ou globular.

O sistema radicular é pivotante, atingindo grande profundidade no solo. As raízes variam de tetrárquica a poliarárquica, cada uma sendo constituída por 14 elementos primários. Os elementos de xilema e floema são separados por estreitas paredes de parênquima, e pequenos canais de resinas estão presentes no floema primário. As células das raízes são pardacentas e têm paredes finas. Há um amplo córtex composto de volumosas camadas parenquimatosas com paredes finas. As partes de dentro e de fora têm uma única camada de tamanho reduzido. A endoderme também é formada de uma única camada isodiamétrica de células com paredes finas, ligeiramente engrossadas. Uma única camada de periciclo parenquimatoso está presente abaixo da endoderme. Com o início do crescimento secundário, um contínuo anel de quatro a seis camadas de células de câmbio é formado na proximidade do xilema e floema. O câmbio divide-se periclinalmente e forma um floema secundário; o xilema secundário forma um cilindro compacto e é interrompido unicamente fora de série, algumas vezes bipartido em raios vasculares. O felogênio aparece no periciclo. Células dividem-se tangencialmente e formam feloma no lado de dentro e feloderme no lado de fora.

O tronco é ereto, grosso, sem sulcos e, quando velho, a casca torna-se grossa com algumas fissuras. O caule é tipicamente dicotiledonar, tendo numerosos feixes vasculares compactos em um anel. O floema primário contém canais resiníferos que darão origem a estruturas lignificadas. As paredes do metaxilema são perfuradas com poros simples, embora os protoxilemas sejam formados de espessamentos anulares e espirais. No floema secundário, canais de resina estão presentes próximos da periferia; o xilema secundário forma um cilindro compacto que é interrompido e, algumas vezes, bipartido por raios vasculares profundos. A epiderme tem uma única camada, que é cutinizada; estas células têm paredes finas e alongadas radialmente. O córtex é formado de oito a dez camadas de células, na sua maioria de parede fina. Um pequeno número de células parenquimatosas está arranjado em direção à camada endodérmica única, cada uma formando um anel contínuo. O periciclo tem duas regiões, uma fora das células do parênquima e outra dentro do anel, isolada das fibras.

As folhas são simples, alternadas, irregulares ao longo do ramo, algumas vezes isoladas e outras vezes agrupadas. O comprimento e a largura variam de 2 a 16 cm e de 0,5 a 2 cm, respectivamente, dependendo da variedade. As folhas são pecioladas, sendo a estrutura do pecíolo similar à do caule, exceto no que se refere à endoderme, que não é distinta, e ao anel de camada vascular, que apresenta uma depressão do lado de fora. As camadas vasculares são relativamente pequenas em relação às do lado ventral, e os anéis medulares são parecidos com os do caule. As células epidérmicas da lâmina são isodiamétricas e cobertas por uma cutícula. O mesófilo é diferenciado dentro do paliçádico e o parênquima é frouxo. O tecido paliçádico é formado de duas camadas de células achatadas, e há muito poucos espaços intercelulares nos tecidos. Os tecidos frouxos são mais extensos que os tecidos paliçádicos e as células são separadas por espaços intercelulares. Os cloroplastos estão presentes em ambos os tecidos, porém mais no paliçádico. As veias laterais, presentes no mesófilo, são camadas de bainha formada por uma única camada de células parenquimatosas e há de três a quatro células espessas no canal de fibras envolvendo o sistema vascular. Vasos de xilema são direcionados para cima; entre a baixa epiderme e o mesófilo esponjoso, há uma única camada hipodérmica com células lignificadas e espessas. Os estômatos estão presentes em ambas as superfícies foliares, mas em maior número na face dorsal.

As inflorescências são do tipo panícula terminal, sendo polígama, densamente florida e ainda podendo ser tomentosa, pubescente ou glabrescente, variando no comprimento. As flores são amareladas ou cremes, variáveis no tamanho, com pedicelo articulado, cinco sépalas (ovado-lanceoladas, côncavas, pubescentes por fora e variáveis no tamanho), cinco pétalas (reflexas acima do cálice, oblongas, subagudas, arestas não terminando em excrescências tuberculadas, variando na cor, forma e tamanho), disco carnoso, cinco estames (geralmente um, dois ou mais, raramente, férteis, e restantes reduzidos a filamentos curtos), ovário (glabro, obliquamente ovóide, séssil, unilocular), óvulo (anátropo e pêndulo) e estilo terminal quase tão longo quanto os estames férteis. As partes florais surgem sucessivamente: cálice, corola, androceu e gineceu. Entretanto, existem relatos que informam que a corola e os estames desenvolvem-se simultaneamente, e o disco, no final. As anteras dos estames férteis têm quatro lobos; existem de três a sete hipodermais em cada lóbulo. O ovário contém um único óvulo com a micrópila para baixo.

Os frutos são do tipo drupa grande, oblonga ou sub-reniforme, com polpa espessa e suco doce; variável no tamanho, cor e forma do epicarpo, conforme a variedade, e possui caroço fibroso. Todos os frutos de manga contêm uma semente, com nucelo e tégmen. Há uma massa de tecido parietal para baixo do megásporo, situado no fundo do nucelo. O saco embrionário maduro contém uma oosfera, duas sinérgides, três antípodas e dois núcleos polares. Às vezes, o embrião contido na semente é absorvido; a formação de mais de um embrião em um saco embrionário, conhecida como poliembrionia, ocorre em diferentes variedades e condições de crescimento. A partir das células do nucelo, surgem os embriões adventíceos (SINGH, 1968).

As sementes possuem uma testa e tégmen papiráceos, cotilédones plano convexos ou corrugados na face superior, freqüentemente desiguais e lobulados, oblongos ou reniformes.

Propagação

A mangueira propaga-se tanto por via sexual (sementes) como assexual (propagação vegetativa). Num sistema de produção de mudas desta fruteira, encontramos duas etapas básicas: **a)** propagação do porta-enxerto, normalmente via semente; e **b)** enxertia do cultivar copa sobre o porta-enxerto. Muito embora a propagação por sementes seja utilizada para a produção de porta-enxertos, ela não é recomendada para a multiplicação dos cultivares de exploração econômica, uma vez que não garante a manutenção das características da planta matriz.

Segundo DONADIO (1980), as melhores sementes a serem utilizadas para germinação são aquelas poliembriônicas, tendo a finalidade de manter a uniformidade das plantas que serão utilizadas como porta-enxerto.

VARGAS (1986), trabalhando com mudas de porta-enxertos, verificou que variedades monoembriônicas apresentavam maior vigor, altura, diâmetro e menor porcentagem de germinação, enquanto mudas de porta-enxertos poliembriônicos apresentavam maior uniformidade no viveiro.

O poder germinativo das sementes de mangueira é alto quando são semeadas logo após a retirada dos frutos (SIMÃO, 1971).

Segundo CHAURAN (1975), sementes sem endocarpo, com armazenamento ou sem armazenamento, tendem a apresentar maior altura, diâmetro, número de folhas das plantas, bem como maior peso seco da parte aérea e do sistema radicular.

RUEHLE & LEDIN (1955) afirmaram que a viabilidade da semente de manga é muito curta, não excedendo 30 dias; conseqüentemente, recomenda-se a retirada do endocarpo para acelerar a germinação. WOLFE *et al.* (1969) recomendam a semeadura (com sementes sem endocarpo) logo após a extração do fruto, para assegurar melhor germinação e evitar má formação das raízes.

A germinação de sementes bem preparadas se inicia após 15 dias da semeadura e termina aos 30-40 dias (DONADIO, 1980).

Dos métodos de propagação vegetativa em mangueira, a enxertia é o mais utilizado, destacando-se a enxertia de borbulhia e garfagem. Ambos os tipos dependem, para o seu sucesso, de um bom contato da região cambial das duas partes enxertadas. O câmbio é um tecido delgado da planta, situado entre a casca (floema) e a madeira (xilema) e é formado por células meristemáticas capazes de dividirem-se e formarem novas células.

A propagação vegetativa por estacas depende de fatores internos fisiológicos das estacas, juntamente com fatores ambientais, época do ano, uso de reguladores vegetais, juvenilidade e estiolamento (HARTMANN & KERSTER, 1975).

MUKHERJEE *et al*. (1967) concluíram que não parece ser possível o cultivo de estacas de mangueira diretamente de plantas maduras, pois apresentam dificuldade de transplante, devido a um lento enraizamento. A alternativa encontrada parece estar ligada ao uso de tratamento químico e pré-tratamento com anelamento e/ou estiolamento.

LOPES (1995) cita vários autores para indicar a utilização de 2.500 a 5.000 $mg.L^{-1}$ de ácido indolbutírico (IBA) como a melhor concentração a ser utilizada para o enraizamento de estacas de mangueira, além do estiolamento (desenvolvimento de ramos ou partes de ramos em ausência de luz), juntos ou não a reguladores vegetais.

Em espécies de enraizamento difícil, como a mangueira, as raízes nas estacas, surgem principalmente a partir de divisões de câmbio e do parênquima liberiano ou de qualquer célula viva capaz de se diferenciar (LOPES, 1995).

Crescimento e desenvolvimento

A mangueira desenvolve um sistema radicular extenso e profundo, formando um denso rendilhado de raízes expandidas logo abaixo da superfície, na camada dos primeiros 60 a 90 cm de solo. A radícula do embrião é muito curta e se alonga rapidamente, formando um pivô que se aprofunda no solo, caracterizando o sistema pivotante. A partir das raízes da superfície, formam-se as raízes verticais laterais que chegam até 5,40 m de profundidade e que se espalham nas camadas mais profundas, constituindo um segundo agrupamento de raízes, acima do nível do lençol freático (LAROUSSILHE, 1980). A mangueira consegue suportar longas estiagens e até dispensar irrigação, às custas de um sistema radicular extenso e profundo, mesmo que o solo da camada onde se encontra o primeiro agrupamento de raízes atinja o ponto de murchamento (MEDINA, 1981).

O alongamento das raízes parece continuar além do lençol freático. SINGH (1975) relata observações do desenvolvimento de raízes de mangueira até 5,76 m. Em Bihar (Índia), verificou-se que uma árvore de 60 anos tem raízes de fixação que penetram aproximadamente 4 metros e então tornam-se horizontais, mas as raízes finas estão restritas aos 50 cm superiores, com a maioria nos primeiros 25 cm, em solos mais profundos e mais leves. Depois do alongamento, as raízes superficiais começam a se desenvolver e formam uma densa rede logo abaixo da superfície do solo. Em Sahranpur (Índia), um ramo fino de raiz de uma mangueira de 30 anos de idade estendia-se ao longo de 8 m na lateral da árvore.

O desenvolvimento da parte aérea é muito diferente das outras frutíferas, pois a mangueira é caracterizada por crescimento rítmico bem marcado. Cada fase vegetativa se estende por três ou quatro semanas, e a elas segue-se a dormência.

O caule de uma mangueira jovem tem seu crescimento alongando-se sucessivamente, formando um tronco único bem individualizado. Por essa mesma razão, os ramos crescem na posição vertical e se ramificam (LAROUSSILHE, 1980).

A taxa de diferenciação do câmbio expressa-se por um incremento no tamanho ou peso. A divisão celular e a expansão é um exemplo básico da distinção entre número e tamanho (SINGH, 1977).

As ramificações se formam no momento do impulso vegetativo, quando uma ou mais gemas subapicais se desenvolvem ao mesmo tempo que a gema apical, depois da floração. As folhas de árvores jovens são pouco desenvolvidas e pálidas, até que as raízes atinjam o plano d'água. O ritmo de produção depende da variedade (LAROUSSILHE, 1980).

A forma geral de uma árvore depende da variedade, em particular da maneira como se dispõem seus ramos, que podem ser piramidais, fusiformes, redondos ou espalhados (LAROUSSILHE, 1980).

Efeitos de fatores ecológicos

Temperatura – a mangueira apresenta limites amplos de tolerância a temperaturas, que vão desde um mínimo de 0°C até um máximo de 48°C, porém o crescimento da planta cessa abaixo de 10°C e a partir de 42°C (MEDINA, 1981).

Geralmente, árvores jovens com lenho imaturo e um crescimento muito ativo são severamente afetadas por geadas. OPPENHEIMER

Foto 1 – *Planta adulta de mangueira* [Mangifera indicah.].

(1969), relata os efeitos da geada em 23 variedades de manga (temperatura de -3,9° C), verificando que em variedades enxertadas não se têm problemas, como nas variedades de porte anão, que são bem mais sensíveis. Esse mesmo autor indica, como determinante, o estado fisiológico das mangueiras, exemplificando que quando a planta encontra-se no estado de dormência, as oscilações de temperatura possuem um efeito maior.

SIMÃO (1955) discorre sobre a influência negativa de baixas temperaturas (< 15°C) sobre a abertura de flores e o desenvolvimento do tubo polínico e, conseqüentemente, sobre a frutificação. RAO & SRINATH (1967) chegaram a conclusão de que a influência da temperatura no período de florescimento à maturidade do fruto era evidente, sendo que a maturidade dependia de unidades térmicas disponíveis para o desenvolvimento e crescimento deste, antes da duração do tempo decorrido desde a abertura das flores.

WHILEY *et al*. (1991) trabalharam com cultivares de origem tropical e subtropical (poliembriônicas e monoembriônicas) enxertadas em 'Kensington', mantendo-as em câmaras de crescimento, por 20 semanas, nas seguintes temperaturas dia-noite: 15-10, 20-15, 25-20 e 30-25°C. Os resultados indicaram um aumento de crescimento vegetativo nas temperaturas 25-20 e 30-25°C, e um efeito da temperatura, juntamente com a atividade de crescimento, na concentração de amido no tecido lenhoso do porta-enxerto no fim de 20 semanas: a 15-10° C a concentração era de 15,9% e a 30-25° C, de 4,8%.

Umidade – sob temperatura e precipitação baixa (1.000 a 1.500 mm), porém com irrigação, a mangueira pode crescer com sucesso. Para condições de alta precipitação (1.900 a 2.500 mm), cresce bem, mas somente dispondo de boa drenagem.

Locais com estação seca bem definida (as condições ideais de precipitação podem estar entre 800 e 1.300 mm anuais, e menores durante o período de florescimento) produzem maiores safras e melhores frutos. Tal fato deve-se à dormência temporária que é necessária para prevenir o excesso de crescimento vegetativo, em detrimento da produção de flores durante o período de florescimento.

A alta umidade relativa durante o período de florescimento favorece a disseminação da antracnose (*Colletotrichum gloesporioides*), podendo destruir todas as flores, mesmo na ausência de chuvas (SINGH, 1968).

Luminosidade – a luz afeta a formação dos frutos, sendo que a qualidade da luz estabelece uma diferença no crescimento da planta. Quanto mais alta a temperatura, maior o grau de irradiação e mais elevado o grau de onda curta.

Em mangueira, como sendo planta de latitudes de até no máximo 30°, há a necessidade de dias curtos para o florescimento e frutificação, embora grande parte do efeito de estímulo esteja relacionado com periodicidade de seca (SIMÃO, 1971).

Altitude – segundo SINGH (1968), mangueiras crescem desde o nível do mar até 1.300 m, nas regiões tropicais, mas em localidades de clima temperado, se ultrapassarem os 650 m, não produzem safras rentáveis.

SINGH (1968) relata, ainda, a relação da altitude com a época de florescimento, concluindo que, para cada 132 m de altitude, o florescimento é retardado em quatro dias.

Solos, nutrição e micorrizas

A mangueira é uma cultura pouco exigente em termos de solos, apenas requerendo boa drenagem e profundidade de solo, pelo porte de seu sistema radicular. O pH ideal é de 6,5, podendo variar de 5,0 a 8,0 (DONADIO, 1980).

Os solos mais recomendados são os areno-argilosos, ricos em matéria orgânica e profundos. Os terrenos planos são preferíveis, podendo-se, contudo, utilizar terrenos inclinados, desde que possuam exposição norte ou oeste, evitando-se sempre o sul (HAAG, 1986).

A mangueira é tolerante à baixa fertilidade, pois decorre de um sistema radicular, em termos de exploração do solo, bastante eficiente. No entanto, os solos mais férteis favorecem o desenvolvimento da planta e as altas produções.

PATAK & PANDEY (1980) estudaram as exigências nutricionais das inflorescências e frutos de mangueira nos diferentes estádios de desenvolvimento. Observaram uma alta necessidade de nitrogênio, fósforo e potássio, no estádio inicial de desenvolvimento dos frutos, e de cálcio e magnésio, no estádio de pós-florescimento.

As variações dos nutrientes minerais em folhas de mangueira, durante a evolução dos estádios fisiológicos do ciclo produtivo, foram estudadas por AVILAN (1971), com os resultados apresentados na Tabela 1. Observa-se que nos períodos anteriores à floração, os teores de N, P e K foram máximos, havendo uma diminuição em seguida. Os valores mais baixos de N, P e K foram encontrados na fase de formação do fruto. Com o Ca ocorreu o inverso, estando mais presente na frutificação. O conhecimento dos períodos de maiores exigências nutricionais das plantas permite programar a adubação, tornando os nutrientes disponíveis na época adequada.

O benefício causado pelos fungos micorrízicos vesículo-arbusculares (MVA) foi observado recentemente por AZEVEDO *et al.* (1995). Esses pesquisadores verificaram, em sistema de produção de mudas, uma maior eficiência das plantas micorrizadas em absorver o fósforo. O benefício prático da utilização dos fungos MVA é a diminuição da dose de adubo fosfatado a aplicar, nesta cultura, para a produção da mesma quantidade de matéria seca.

Tabela 1 – Teores de nutrientes nas folhas da mangueira em função dos estádios fisiológicos do ciclo de produção, expressos em % na matéria seca

Nutriente	Estádio fisiológico					
	I	II	III	IV	V	VI
	% na matéria seca					
N	1,24	1,20	1,17	1,04	1,05	1,12
P	0,11	0,11	0,11	0,09	0,10	0,09
K	0,75	0,74	0,64	0,53	0,50	0,56
Ca	2,03	2,05	2,48	2,75	2,62	2,20

Fonte: AVILAN (1971).
I e II - antes da floração
III e IV - plena floração
V e VI - maturação dos frutos

Relações hídricas

Na Índia, as mangueiras crescem em locais onde a precipitação anual é de somente 40 mm, mas também crescem em regiões com um máximo de 400 mm (SINGH, 1968). Contudo, tal fator não é o único responsável pelo ponto de murcha permanente, pois tornaria difícil a sobrevivência desta fruteira nesta região. Vários outros fatores têm sua participação, como a capacidade de retenção de água do solo, perdas por transpiração e evaporação, etc., permitindo que, neste país, as mangueiras raramente cheguem à dessecação.

Florescimento

Segundo SIMÃO (1971), os botões florais começam a emergir em panículas rudimentares nos meses de inverno, principalmente em agosto, para as condições do estado de São Paulo. As flores se abrem assim que as panículas atingem completo desenvolvimento, sendo que o período ativo de desenvolvimento das panículas é normalmente de cinco a seis semanas. Algumas variedades têm suas flores abertas dentro de dez dias após a abertura do primeiro botão floral, enquanto outras podem ter um período de florescimento de várias semanas ou mesmo meses (POPENOE, 1974).

As inflorescências originam-se a partir do desenvolvimento da gema terminal, o que é um comportamento hereditário, embora permita a produção de panículas pelas gemas laterais.

Foto 2 - Florescimento da mangueira.

A maioria das panículas é totalmente reprodutiva e apenas uma pequena porcentagem é reprodutiva e vegetativa, diferenciando-se conforme o ano (MEDINA, 1981). As flores podem ser de dois tipos: hermafroditas, bissexuais ou perfeitas, e estaminadas ou masculinas (em maior quantidade). Cada panícula contém de 200 a 4.000 flores (às vezes, até 9.000); o número de panículas por planta varia de 600 a mais de 6.000.

Em 12 variedades estudadas, SIMÃO (1960) encontrou uma porcentagem de flores férteis de 4,85 a 34,02% em todas as secções da panícula, principalmente na base e no ápice, determinando uma baixa fertilidade da mangueira. Outros defeitos também são encontrados em flores, tais como estames reflexos ou estigmas proeminentes aos estames, dificultando a polinização. Embora apenas um estame (raramente dois) em cada flor produza pólen, o grande número de flores em uma panícula garante um suprimento de pólen mais do que suficiente para a polinização (MEDINA, 1981).

DONI (1974), trabalhando com o cultivar "Haden", concluiu que, na estação de florescimento, destacou-se o primeiro ciclo florífero como o mais abundante na produção de panículas, flores e frutos. Por outro lado, as flores hermafroditas se distribuíram em maior quantidade na região mediana superior da panícula, na qual também se localizou o maior número de frutos.

A abertura das flores ocorre na parte da manhã, segundo alguns autores, enquanto outras observações indicam o período noturno, embora o desabrochamento por completo só ocorra ao amanhecer. A antese e a deiscência das anteras, segundo MEDINA (1981), ocorrem após a abertura da flor, com o aumento da temperatura durante o dia. A receptividade do estigma ocorre até 72 horas depois da antese, mesmo que a melhor fase para a recepção do grão de pólen seja a 6 horas da antese. O tempo mínimo para o grão de pólen germinar é de 90 minutos (SINGH, 1968).

Citando vários trabalhos, MANICA (1981) discorre sobre a necessidade de insetos polinizadores (moscas, abelhas, vespas e outros), já que a autofertilização é pequena, embora exista uma controvérsia quanto à contribuição de cada um para a fertilização de flores da mangueira. A polinização é muito deficiente, não ultrapassando os 12% na natureza (LYNCH & MUSTARD, 1955).

De acordo com KOHLI & REDDY (1985), diversos fatores condicionam a mangueira ao florescimento, tais como amadurecimento dos ramos, relação C/N, condições climáticas e diferentes condições de estresses (baixas temperaturas, déficit hídrico no solo e uso de produtos químicos). Esses fatores modificam os principais processos fisiológicos das plantas, desenvolvendo condições favoráveis ao florescimento. Atualmente sabe-se que as baixas temperaturas e períodos secos, em regiões tropicais e subtropicais, são importantes para a cultura da mangueira, uma vez que paralisam o seu crescimento vegetativo e induzem a floração.

O etileno (C_2H_4), um hormônio vegetal gasoso, parece estar envolvido na floração da mangueira, conforme relatos de BONDAD & LINSAGEN (1979) e SAIDHA *et al.* (1983). A aplicação de nitrato de potássio (KNO_3) desencadeia, segundo BONDAD & LINSAGEN (1979), uma série de reações no metabolismo da planta, dentre elas a formação de metionina, o aminoácido precursor do etileno. SAIDHA *et al*. (1983) verificaram que ramos em floração apresentaram níveis de etileno de três a cinco vezes superior aos verificados em ramos vegetativos.

De acordo com SARGENT & LEAL (1989), a indução ao florescimento é realizada mediante práticas culturais e/ou aplicações de produtos químicos que retardam ou impedem o crescimento vegetativo. Com a inibição do crescimento, os carboidratos, que seriam utilizados para o crescimento vegetativo, passam a se acumular, aumentando a relação C/N, o que favorece a diferenciação do primórdio floral.

Em áreas irrigadas, como na região do Submédio São Francisco, a parada no crescimento da planta é imposta pelo estresse hídrico, o que conduz a planta a atingir o período de repouso, paralisando o crescimento vegetativo e induzindo a floração.

Frutos e sementes

A formação do fruto inicia-se logo após a fertilização; em seguida, os segmentos do perianto, as brácteas e o estame secam, não restando da flor senão o pistilo e o disco. O pistilo começa a formar o fruto e o disco permanece como um anel escuro e seco em torno da base do fruto jovem.

Segundo MEDINA (1981), o tempo necessário para o desenvolvimento do fruto até a maturidade, após a fertilização, varia conforme o cultivar. Em cultivares precoces dura dois meses; em medianos, de três a três meses e meio e, nos tardios, aproximadamente quatro meses. O desenvolvimento do fruto pode ser dividido em quatro fases: **a)** *Juvenil* – é caracterizada por rápida multiplicação celular, alta intensidade respiratória, alta taxa de crescimento, conteúdo máximo de água, rápido aumento no conteúdo de água e ácido, embora o exocarpo seja verde e ligado ao fruto, e a relação carboidrato/nitrogênio seja baixa; **b)** *Adolescente* – existe um máximo aumento em tamanho, desenvolvimento de aroma e sabor, taxa média de respiração, declínio na taxa de crescimento, diminuição do potencial osmótico e diminuição do teor de umidade. A glicose cai rapidamente, enquanto a sacarose aumenta e o amido e o ácido mantêm um nível alto, assim como a relação carboidrato/

nitrogênio. A cor adquirida é verde-escura; **c)** *Climatério* – é um período crítico, em que a respiração é mínima e o amido é rapidamente hidrolisado em açúcares (diminuição do conteúdo de ácidos). A sacarose e a relação carboidrato/N é máxima. A partir daí, inicia-se o próximo período; **d)** *Senescência*.

A semente desenvolve-se muito no fruto, ocupando, até a 7ª semana após a fertilização, a metade de seu comprimento, crescendo mais rapidamente a partir daí, até a 11ª ou 12ª semana, e ficando este processo mais lento posteriormente. Em 13 semanas, o aumento em comprimento cessa e a semente chega a ocupar 2/3 do comprimento do fruto (MEDINA, 1981).

O endocarpo aumenta a uma taxa mais alta do que a semente (havendo espaço no ovário) e desenvolvendo-se em seguida no tegumento rígido e coriáceo da semente (caroço). O zigoto permanece dormente durante algum tempo da fertilização e depois dá origem ao embrião. O crescimento do embrião precede a lignificação do endocarpo, em lugar de ocorrer durante o endurecimento do caroço (SINGH, 1968).

Zoneamento agroclimático e adaptação ao meio ambiente

As áreas que mais se adaptam ao cultivo da mangueira são, segundo CUNHA *et al*. (1994), aquelas com estações secas e chuvosas bem definidas. O período seco deve ocorrer antes do florescimento, para favorecer o repouso vegetativo da planta, e prolongar-se até o início da frutificação, para evitar os danos causados por doenças fúngicas (antracnose e oídio). As chuvas devem ocorrer durante a frutificação, para estimular o desenvolvimento dos frutos e impedir a sua queda prematura. A pluviosidade pode variar de 500 a 2.500 mm; a temperatura, de 20 a 26°C; e a umidade relativa do ar deve ficar ao redor de 60%. Locais com ventos fortes devem ser protegidos com quebra-ventos.

Estratégias para altas produções

Embora o IBGE apresente dados de produção média de 13 toneladas por hectare no Pólo Juazeiro-Petrolina, o Instituto Brasileiro de Frutas (1995), com segurança, tem números que chegam a 30 t. ha^1. ano^{-1}, incluindo a safrinha temporã. Contudo, vários autores afirmam não haver possibilidade de produção de uma segunda safra em menos de 12 meses, assim como de ultrapassar a faixa de 18 a 20 $t.ha^{-1}$.

O Instituto Brasileiro de Frutas (1995) define, como uma cultura viável economicamente de manga, aquela que produza no mínimo 12 $t.ha^{-1}$, no Centro-Sul, e 15 $t.ha^{-1}$, no Nordeste. Recomendam os seguintes pontos como estratégias para altas produções: **a)** *solos* com boas características físicas e de fertilidade; **b)** *cultivares* com grandes potenciais de produtividade e qualidades gustativas; **c)** *controle de plantas invasoras* – uso de herbicida na linha das árvores e roçadeira na rua; **d)** *controle de pragas e doenças*, em especial da antracnose (*Colletotrichum gloesporioides*), de forma a não prescrever unicamente controle químico, mas unir-se a um manejo integrado; **e)** *adubação* – dividida entre adubações foliares e no solo.

As necessidades devem ser fracionadas em três a quatro vezes em aportes semanais, se diluída na água de irrigação. Caso a produção apresente alternância, deve-se adubar nos anos de produção mais fraca, diminuindo a dosagem conforme a quantidade de frutas produzidas por árvore. Em especial, é aconselhável evitar excesso de nitrogênio, capaz de fazer a planta vegetar excessivamente, ocasionando decréscimo na frutificação.

Dependendo da região, a adubação pode ser efetuada da seguinte maneira: **1)** regiões úmidas, sem irrigação – aplicar parte do fósforo no final da colheita (época chuvosa); não aplicar na época seca e voltar a aplicar o restante dividido em três ou quatro vezes, sendo a primeira antes da florada (gema inchada) e as demais, de 30 em 30 dias, até o fruto chegar à maturação; **2)** regiões semi-áridas – o princípio é o mesmo, porém pode-se aplicar a primeira adubação ao mesmo tempo que vai terminar o estresse hídrico (recomeçar a irrigação), seguindo-se de aplicações semanais via água de irrigação. **3)** *indução floral* – não é conveniente tentar induzir uma planta que não está preparada para florir. Todavia, define-se como o estádio adequado à indução de um ramo, quando ocorreram de três a cinco fluxos de crescimento vegetativo, com cinco a oito meses de existência. Antes da época normal, a florada pode ser induzida por aplicação foliar de nitrato de potássio, nitrato de amônio ou nitrato de cálcio, com retomada da irrigação e adubação no solo. Pesquisas demonstraram que o Paclobutrazol, usado como retardante de crescimento, bloqueia o crescimento vegetativo, induzindo uma precocidade na floração, de três a quatro semanas, obtendo-se até 92% de gemas florais, em vez de vegetativas.

A ocorrência da alternância de produção nesta frutífera impede a obtenção de altas produções. Como forma de evitar ou reduzir este inconveniente citam-se: **a)** poda drástica; **b)** cultivar sobre treliças, deixando apenas dois galhos; **c)** forçar nova vegetação após colheita (decapitando galhos com frutos, força-se o fluxo vegetativo e, após cinco a oito meses, a formação de ramos florais); **d)** usar Paclobutrazol.

Efeitos de reguladores vegetais

Em regiões temperadas, a indução de flores e botões florais são processos sazonais; porém, em regiões tropicais, o florescimento é possível em qualquer época do ano. Algumas induções de período de seca devem estar envolvidas (SAMSON 1986).

Muitos reguladores vegetais têm sido utilizados em mangueiras, para indução de enraizamento de estacas, com resultados variados. GARNER & CHUDHRI (1988), aplicaram NAA (ácido naftalenacético), IBA (ácido indolbutírico) e uma mistura de NAA e IBA em solução usando 2.500, 5.000 e 10.000 $mg.L^{-1}$. Observaram que 10.000 $mg.L^{-1}$ de NAA foram mais eficientes para o enraizamento, embora nenhum tratamento tenha promovido 100% de enraizamento.

KENNARD & WINTERS (1956) verificaram que a maturação da manga poder ser acelerada em duas semanas, com aplicações, no período de três semanas após o florescimento, do ácido 2,4,5 - triclorofenoxipropiônico (2,4,5 - TP), uma auxina sintética, em dosagens de 50 a 200 $mg.L^{-1}$. No entanto, o fruto tinha seu tamanho reduzido, embora a coloração não fosse afetada.

SUBRAMANYAN *et al.* (1975) constataram que o ácido ß- naftalenacético a 25 $mg.L^{-1}$ e a hidrazida maleica, a 750 $mg.L^{-1}$, em pulverização foliar mensal, a partir da frutificação, aceleraram e retardaram a maturidade em duas semanas, respectivamente. Os frutos tratados com o ácido ß-naftalenacético amadureceram mais cedo, após a colheita, desenvolveram cor atrativa da casca e apresentaram conteúdo mais alto de caroteno na polpa, quando maduros. Por outro lado, a hidrazida maleica aumentou o tamanho do fruto, atrasou o processo de maturação, interferiu na formação de caroteno e aumentou a suscetibilidade dos frutos à infecção por fungos.

ALBUQUERQUE (1992) observou que a aplicação de ethephon (250 $mg.L^{-1}$), associado com o anelamento da planta, retardou o crescimento das mangueiras, condicionando a planta a tornar-se mais apta à floração. O efeito do ethephon em mangueiras também foi verificado por ALBUQUERQUE *et al.* (1994). Os autores verificaram, em mangas 'Tommy Atkins', que a aplicação deste regulador vegetal, a 300 e 400 $mg.L^{-1}$, no período de 60 e 30 dias, respectivamente, antes da indução floral com nitrato de potássio, provocou aumentos na produção. O ethephon atua como paralisador do crescimento da planta e, indiretamente, induz a floração. Paclobutrazol restinge o crescimento vegetativo e incrementa o florescimento da mangueira.

Senescência

A senescência das fruteiras, como plantas perenes, ocorre após longo tempo, havendo relatos de mangueiras com mais de 60 anos. Portanto, tratar-se-á aqui da senescência dos frutos da mangueira.

O início do estádio de senescência do fruto é indicado quando o aspecto exterior apresenta-se com início de coloração (desaparecimento progressivo dos pigmentos clorofilianos), havendo uma restrição das contribuições nutritivas da planta ao fruto. A partir daí, ele se torna mole, os tecidos internos se desintegram e ocorre a morte, com a deterioração e decomposição dos seus componentes. Se os frutos são deixados na árvore, ocorrem as seguintes transformações: **a)** transformação do amido em açúcar e diminuição da acidez; **b)** aparecimento da cor do fruto maduro; **c)** amolecimento da polpa; **d)** aparecimento de aroma e sabor característicos da manga.

Na senescência, a respiração do fruto é muito menos importante que no climatério respiratório, porém ele é logo separado pela camada de abscisão da extremidade do pedúnculo. A separação dos frutos de seus pedúnculos é o resultado da dissolução da lamela média nos tecidos de sua base. Em seguida à queda, ocorre o seu escurecimento e o ataque de microrganismos. O apodrecimento do fruto na árvore é raramente observado.

Resíduos

Os resíduos da manga servem para extração de amido e alimento para animais. Sua semente (endocarpo) pode ser consumida como farinha após secagem e torragem. A casca é empregada na curtição do couro, e a madeira, na fabricação de móveis e outras utilidades (MANICA, 1981).

O processamento de mangas, de casca e de caroço como resíduos, pode ser utilizado na elaboração de ração para gado ou para outros fins industriais (MEDINA, 1981).

Bibliografia

ALBUQUERQUE, J.A.S. "Uso de produtos químicos e práticas culturais para a indução da floração da mangueira na região do Submédio São Francisco". *Revista Brasileira de Fruticultura*, v.14, nº 3, pp. 177-182, 1992.

ALBUQUERQUE, J.A.S.; GURGEL, A.C.; LEITE, E.M.; SILVA JÚNIOR, J.F. "Efeito do ethephon na inibição do crescimento vegetativo e floração da mangueira". *In*: Congresso Brasileiro de Fruticultura, 13, Salvador, 1994. *Resumos*. Salvador, SBF, v.2, pp. 717-718, 1994.

AVILAN, R.L. "Variaciones de los níveles de nitrogen, fosforo, potassio y calcio en las hojas de mango (*Mangifera indica* L.) através de un ciclo de produción". *Agronomia Tropical*, v. 21, nº 1, pp. 3-10, 1971.

AZEVEDO, I. C.; SILVEIRA, A.P.D.; OLIVEIRA, E. "Efeito da adubação fosfática e de fungos micorrízicos arbusculares (MA) na produção de muda de mangueira". *In*: Congresso Brasileiro de Fisiologia Vegetal, 5, Lavras, 1995. *Resumos*. Lavras, SBFV, 255 p., 1995.

BONDAD, N.D.; LINSAGEN, E. "Flowering in mango induced with potassium nitrate". *Hort Science*, v.14, nº 4, pp. 527-528, 1979.

CHAURAN, O.R. "Efeito do tempo de armazenamento, corte e fungicida sobre a germinação das sementes e crescimento de "plântulas" de mangueira (*Mangifera indica* L.) ". Viçosa, 43 p., Dissertação (Mestrado), Universidade Federal de Viçosa, 1995.

CUNHA, G.A.P.; SAMPAIO, J.M.M.; NASCIMENTO, A.S.; SANTOS FILHO, H.P.; MEDINA, V.M. *Mangas para exportação: aspectos técnicos da produção*. Brasília, EMBRAPA – SPI, 35 p. (Série Publicações Técnicas FRUPEX, 8), 1994.

DONADIO, L.C. *Cultura da mangueira*. Piracicaba, Livroceres, 67 p., 1980.

DONI, M.E. *Florescimento e frutificação de mangueira (Mangifera indica L.) variedade*

Haden. Piracicaba, 51 p., Dissertação (Mestrado) – Escola Superior de Agricultura "Luiz de Queiroz", Universidade de São Paulo, 1974.

GARNER, R.J.; CHUDHRI, S.A. *The propagation of tropical fruit trees*. Maidstone, CAB, 566 p., (CAB Horticultural Review, 4), 1988.

HAAG, H.P. *Nutrição e adubação de frutíferas no Brasil*. Campinas, Fundação Cargill, 342 p., 1986.

HARTMANN, H.T.; KERSTER, D.E. *Propagación de plantas: princípios e practicas*. México, Continental, 809 p., 1975.

INSTITUTO BRASILEIRO DE FRUTAS. Guia Técnico – *Soluções Fruta a Fruta*. São Paulo: IBF, 29 p., 1995.

KENNARD, W.C.; WINTERS, H.F. "The effect of 2,4,5-trichlorophynoxy-propionic application on the size, maturation and quality of Amini mangoes (*Mangifera indica* L.)". *Proccedings of American Society for Horticultural Science*, v. 67, pp. 290-297, 1956.

KOHLI, R.R.; REDDY, Y.T.N. "Effect of stress in induction of flowering in grafted mango plant". *Indian Journal of Horticultural*, v.42, nº 1/2, pp. 41-44, 1985.

LAROUSSILHE, F. *La manguier*. Paris, Maisonneuve et Larose, 312 p., 1980.

LOPES, M.C. *Propagação vegetativa de mangueira (Mangifera indica L.) por estaquia*. Piracicaba, 59 p., Dissertação (Mestrado, Escola Superior de Agricultura "Luiz de Queiroz", Universidade de São Paulo, 1995.

MANICA, I. *Fruticultura Tropical: 2.* Manga. São Paulo, Ceres, 135 p., 1981.

MEDINA, J.C. *et al. Frutas Tropicais 8 – Manga*. Campinas, ITAL, 399 p., 1981.

MUKHERJEE, S.K.; MAJUNDER, P.K.; BID, N.N.; GOSWANI, A.M. "Standardization of roots of mango. II. Estudies on the effects of source, invigaration and etiolation on the rooting of mango cuttings". *Journal of Horticultural*, v. 42, pp. 83-7, 1967.

OPPENHEIMER, C. "Topography, rootstocks, varieties and tree size as factors in the reaction of mango trees to low temperatures. *Proccedings of Florida State for Horticultural Society*, v. 77, pp. 379-384, 1964.

PATAK, R.A.; PANDEY, R.M. "A note on the status of mineral content of inflorescence and fruits at different stages of their growth in mango (*Mangifera indica* L.) cv. Dashehasi". *Indian Journal of Plant Physiology*, v. 20, nº 1, 13p., 1980.

POPENOE, W. *Manual of Tropical and Subtropical fruits; excluding the banana, coconuts, pineaple, citrus fruits, olive and fig.* Nova York, Hafner Press, 474 p., 1974.

RAO, P.V.S.; SRINATH, M.K. "Heat units requirements for the maturation of mango variety Baneshan (Syn. Banganapalle)". *Indian Journal of Horticultural*, v. 24, nº 3/4, pp. 150-159, 1967.

RUEHLE, G.D.; LEDIN, B.R. *Mango growing in Florida*. Gainnesville, Agricultural Extension Service, 92 p., (*Boletim*, 574), 1955.

SAIDHA, T.; RAO, V.N.M.; SANTHANAKRISHNAM, P. "Internal leaf ethylene in relation to flowering in mango (*Mangifera indica* L.)". *The Indian Journal of Horticultural*, v.40, nº 3/4, pp. 139-145, 1983.

SAMSON, J.A. Tropical fruits. 2 ed. Harlow: Longman, Singapure Publishers Ltd., 336 p., 1986.

SARGENT, E.; LEAL, F. "Induccion floral en mango (*Mangifera indica* L.) con KNO_3." *In*: *Anais do Congresso Brasileiro de Fruticultura*, 10, Fortaleza, SBF, pp. 334-341, 1989.

SIMÃO, S. *Contribuição para caracterização de algumas variedades de mangueira* (*Mangifera indica* L.). Piracicaba, 96 p., Tese (Livre docência), Escola Superior de Agricultura "Luiz de Queiroz", Universidade de São Paulo, 1955.

SIMÃO, S. *Estudo da planta e do fruto de mangueira* (*Mangifera indica* L.). Piracicaba, 167p., Tese (Professor Catedrático), Escola Superior de Agricultura "Luiz de Queiroz", Universidade de São Paulo, 1960.

SIMÃO, S. *Manual de Fruticultura*. Piracicaba: Ceres, 530 p., 1971.

SINGH, L.B. Mango. *In*: ALVIM, P. T.; KOZLOWSKY, T.T. *Ecophysiology of Tropical Crops*. Nova York, Academic Press, cap. 18, pp. 479-485, 1977.

SINGH, L.B. *The Mango – botany, cultivation and utilization*, Londres, Leonard Hill, 438 p., 1968.

SUBRAMANYAN, H.; KRISHNAMURTHY, S.; PRPIA, H.A.B. "Physiology and biochemistry of mango fruit". *Advances of Food Research*, v.21, pp. 223-305, 1975.

VARGAS, V.H.R. *Efeitos do ácido giberélico e cycocel sobre porta-enxertos de mangueira (Mangifera indica L.) em viveiro*. Viçosa, 117 p., Dissertação (Mestrado), Universidade Federal de Viçosa, 1986.

WHILEY, A.W.; RASMUSSEN, T.S.; WOLSTENHOLME, B.N.; SARANAH, J.B.; CULL, B.W. "Interpretation of growth responses of some mango cultivars grown under controlled temperatures". *Acta Horticulturae*, nº 291, pp. 22-31, 1991.

WOLFE, H.S.; CORDT, E.V.; FIGUEIROA, R. *El cultivo de mango in el Perú*. Lima, Estación Experimental Agricola de la Molina, 39 p., (*Boletin Tecnico*, 74), 1969.

Bananeira

Musa sp.

Ricardo A. Kluge

Origem e distribuição geográfica

MORIN (1967) considera que as primeiras bananas surgiram antes da história escrita. Para esse autor, a banana foi provavelmente uma das primeiras espécies a serem cultivadas e uma das primeiras a serem propagadas vegetativamente. O seu centro de origem, segundo TAI (1977), parece ter sido o sudoeste da Ásia, em países como Índia, Indochina, Malásia e Filipinas.

As bananeiras são encontradas entre as latitudes 30° N e 30° S (MORIN, 1967). Dentro desta faixa, porém, existem regiões que impossibilitam o cultivo comercial da bananeira, devido a problemas de temperatura, em função da altitude, ou escassez, ou ainda da má distribuição da precipitação. Em contrapartida, bananais podem ser encontrados em até 34° N, em Israel.

Classificação botânica

Segundo A. Engler e A. Cronquist, a bananeira possui a seguinte classificação botânica:

A família Musaceae é constituída por apenas dois gêneros: *Musa* (bananas comestíveis) e *Ensete* (bananas silvestres), sendo que o primeiro apresenta cerca de 35 espécies e o segundo, um total de sete espécies (ROCHELLE *et al.*, 1991).

	Engler	Cronquist
Divisão	Angiospermae	Magnoliophyta
Classe	Monocotyledoneae	Liliopsida
Subclasse	______	Zingiberidae
Ordem	Scitaminae	Zingiberales
Família	Musaceae	Musaceae*
Subfamília	Musoideae	______

* Surgiu a partir do desdobramento da família Musaceae de Engler em Musaceae, Heliconiaceae e Strelitziaceae.

O gênero *Musa* ainda pode ser dividido em quatro subgêneros: *Australimusa*, *Rhodochlamys*, *Callimusa* e *Eumusa*. Os subgêneros *Callimusa* e *Rhodochlamys* não produzem frutos comestíveis; o subgênero *Australimusa* contém apenas uma espécie (*Musa textilis* Nee), conhecida como abacá e utilizada principalmente nas Filipinas para extração de fibras das bainhas vasculares. No subgênero *Eumusa* ou simplesmente *Musa* é que estão localizadas as espécies de interesse comercial (SIMMONDS, 1982).

Os cultivares tradicionais de bananeira apresentam níveis cromossômicos di, tri ou tetraplóides, respectivamente com 22, 33 e 44 cromossomos, em combinações variadas de genomas das espécies *Musa acuminata* Colla (genoma AA) e *Musa balbisiana* Colla (genoma BB). Estes cultivares diferem das espécies silvestres devido a presença de genes responsáveis pela partenocarpia (SHEPHERD, 1984). Segundo os grupos cromossômicos, os principais cultivares de bananas cultivados no Brasil são classificados da seguinte maneira:

- Grupo diplóide *acuminata* AA – 'Ouro'
- Grupo triplóide *acuminata* AAA – 'Robusta', 'Mestiça', 'Gros-Michel', 'Caru-Roxa', 'Caru-Verde', 'Caipira', 'Leite', 'Ouro Mel', 'São Mateus', 'São Tomé'. Dentro deste grupo o subgrupo Cavendish apresenta importância, representado principalmente pelos cultivares Nanica e Nanicão (na literatura internacional são denominados como 'Dwarf Cavendish').
- Grupo triplóide AAB – 'Pacova', 'Maçã', 'Mysore', 'São Domingos'. Dentro deste grupo os subgrupos de maior importância são Prata, representado pelos cultivares Prata-Anã (enxerto) e Prata-Zulu, e Plantain, representado pelos cultivares Maranhão, Terra e Terrinha.

- Grupo triplóide ABB – 'Marmelo', 'Figo', 'Pão'.
- Grupo tetraplóide AAAA – 'IC-2' ('Golden Beauty').
- Grupo tetraplóide AAAB – 'Pioneira', 'Ouro da Mata', 'Platina'.

Os cultivares mais comuns no Brasil e em outras partes do mundo são os triplóides, devido ao seu vigor, maior tamanho dos frutos e consistência mais agradável destes em relação aos diplóides (SHEPHERD, 1984).

Morfologia

A bananeira é uma planta arbórea destituída de caule vegetativo aéreo, apresentando folhas inteiras imbricadas umas nas outras.

O caule subterrâneo ou rizoma é o centro vital da bananeira, pois é nele que ocorre a formação das raízes, folhas, inflorescências e rebentos ou "filhotes" (Figura 1). É uma estrutura cônica ou assimétrica, com eixo central curvo virado para cima e formado por muitos entrenós curtos. A partir dos nós existentes no rizoma surgem as raízes, enquanto da sua parte apical aparecem as folhas.

O sistema radicular é fasciculado, disposto horizontalmente, surgindo durante a fase vegetativa de crescimento (MOREIRA, 1987).

As folhas da bananeira são grandes, completas, espiraladas, simples, peniparalelinérvias, e constituídas de bainha, pecíolo, limbo e nervura central. As bainhas são bem desenvolvidas e suas bases, enroladas, formam o pseudocaule.

As flores da bananeira, que aparecem em forma de inflorescência, são estruturalmente bissexuais, porém funcionam como unissexuais. As flores femininas são constituídas de gineceu ínfero, longo, tricarpelar, trilocular, com vários óvulos por lóculo, estilete único e estigma trilobado. As anteras são atrofiadas, o filamento é mais curto e o pólen é degenerado. Nas flores masculinas, o ovário é grandemente atrofiado, e o estilo é muito delgado. Os estames possuem anteras normais e os sacos polínicos são dispostos ao longo do filamento em duas linhas paralelas (MEDINA, 1985). Pode-se verificar ainda a presença de flores hermafroditas, na zona de transição entre as flores femininas e as masculinas. As femininas são as que originam os frutos comerciais, enquanto as masculinas

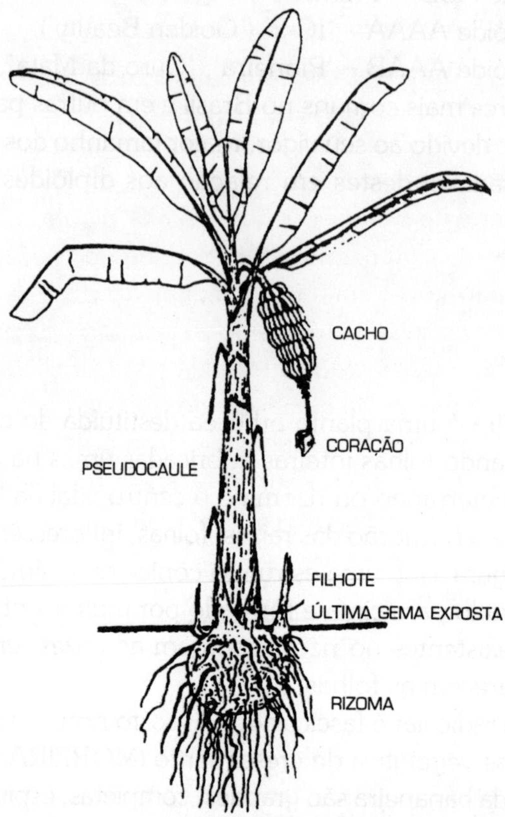

Figura 1 – *Bananeira adulta apresentando algumas de suas estruturas fundamentais (MEDINA, 1985).*

são incapazes de frutificar. Flores hermafroditas frutificam, porém os frutos são pequenos, de má conformação e sem valor comercial (MORIN, 1967). O cacho da bananeira é constituído por engaço (pedúnculo da inflorescência), penca (conjunto de frutos ou dedos, reunidos por seus pedúnculos em duas fileiras horizontais e paralelas), ráquis (eixo onde são inseridas as flores da inflorescência) e coração (conjunto de pencas de flores masculinas ainda em desenvolvimento, com suas respectivas brácteas).

O fruto da bananeira é uma baga carnosa resultante do desenvolvimento, geralmente partenocárpico, dos ovários das flores femininas de uma inflorescência.

Propagação

A bananeira é propagada vegetativamente, a partir do rizoma com brotação ou sem brotação. No caso de rizoma não-brotado, este pode ser utilizado inteiro ou seccionado, desde que possua uma ou duas gemas e peso de aproximadamente 1 kg.

A gema lateral de brotação no rizoma da planta-mãe desenvolve-se e produz, dentro de algum tempo, um perfilho que pode ser facilmente separado e utilizado como muda. As mudas de rizoma com brotação recebem diferentes nomes conforme o seu grau de desenvolvimento ou tamanho: chifrinho, chifre, chifrão e muda alta (MEDINA, 1985). Não existem grandes diferenças na eficiência do tipo de muda a utilizar para a propagação, porém mudas oriundas de rizoma inteiro ou metade do rizoma são mais fáceis de manusear, de transportar e de se aplicar os tratamentos fitossanitários (SOUZA & FERRAZ, 1973; RODRIGUES & MANICA, 1979).

Ciclos

Na bananeira existem basicamente dois ciclos: o ciclo vegetativo e o ciclo de produção. O ciclo vegetativo corresponde ao período entre o aparecimento do rebento ("filhote") na superfície do solo e o amadurecimento e colheita dos cachos. O ciclo de produção é o intervalo de tempo entre a colheita do cacho de uma bananeira e a colheita do cacho de seu "filhote" (MEDINA, 1985; ISRAELI & LAHAV, 1986).

Ambos os ciclos são afetados pelas condições edafoclimáticas* e práticas culturais. Desta forma, normalmente o ciclo da bananeira, tanto o vegetativo como o de produção, é prolongado em situações de cultivo em solos de baixa fertilidade, mal drenados e com elevada acidez, ou no caso de estabelecimento do bananal em locais sujeitos a temperaturas abaixo de 15°C, com pluviosidade média menor do que 100 mm/mês ou com baixa insolação (MEDINA, 1985). Segundo TAI (1977), sob temperaturas baixas, a bananeira reduz a emissão de folhas, aumentando

* Edafoclimática – (Edafo: relativo a solo.) Condição de clima e solo (favorável ou desfavorável) para o estabelecimento do cultivo.

Foto 1 – *Cultivo da bananeira* (Musa *sp.*)

o seu ciclo vegetativo, uma vez que a passagem da fase vegetativa para reprodutiva está ligada diretamente com um determinado número de folhas emitidas.

Crescimento e desenvolvimento

Raízes – as raízes originam-se a partir da parte inferior do rizoma, na região do câmbio. A diferenciação das raízes é contínua e cessa no momento em que o rizoma torna-se aéreo, logo após a diferenciação floral (CHAMPION, 1968). As raízes primárias da bananeira podem alcançar até 4 m, sendo que a partir delas são emitidas várias raízes secundárias, mais finas, formando uma cabeleira, e providas de pêlos absorventes, responsáveis pela absorção de água e nutrientes (MOREIRA, 1987).

À medida que aparecem os rebentos laterais, novas raízes vão surgindo a partir deles. Estas raízes vão alimentar a planta-mãe, que por sua vez fornece fotossintetizados aos rebentos, uma vez que esses são incapazes de síntese, por não possuírem folhas completas.

Rizoma – o rizoma é o caule subterrâneo que detém os tecidos meristemáticos responsáveis pelo crescimento e desenvolvimento da planta. Durante o desenvolvimento da bananeira, o rizoma cresce internamente à semelhança de uma bexiga de borracha quando inflada dentro da água, sendo inicialmente carnoso e aquoso, tornando-se gradativamente mais rígido à medida que envelhece. O rizoma pode atingir até 45 cm de diâmetro, dependendo do cultivar e da fertilidade do solo (MOREIRA, 1987).

Pseudocaule – o crescimento em altura e diâmetro do pseudocaule está intimamente ligado ao crescimento foliar, uma vez que é constituído de diversas bainhas foliares sobrepostas (STOVER & SIMMONDS, 1987).

Folhas – o desenvolvimento e a produção da bananeira estão intimamente ligados às suas folhas, sendo influenciados tanto pelo número delas como pelo seu normal desenvolvimento e atividade. A folha apresenta o desenvolvimento inicial no interior do pseudocaule, apresentando-se como um semilimbo totalmente enrolado. A fase de emergência da folha do pseudocaule coincide com o início do seu desenrolamento (MORIN, 1967).

CHAMPION (1963) ressalta a importância de se conhecer o ritmo normal de emergência das folhas, bem como sua interação com os fatores ecológicos, uma vez que esses conhecimentos determinam a duração do ciclo da cultura. Segundo o mesmo autor, uma bananeira vivendo em condições edafoclimáticas ideais emite três ou quatro folhas mensalmente. Por outro lado, sob condições desfavoráveis, como baixa temperatura e/ou seca, ocorre a diminuição da emissão de folhas para uma ou duas ao mês. Nestas situações, as folhas apresentam-se amareladas, há menor produção de cachos e menor qualidade.

Efeitos de fatores ecológicos

Temperatura – a faixa de temperatura viável para a exploração comercial da bananeira está localizada entre 18 e 35°C. A temperatura ótima para o crescimento foliar está entre 26 e 28°C, enquanto para o crescimento do fruto a faixa ótima localiza-se entre 29 e 30°C (STOVER & SIMMONDS, 1987). A paralisação total do crescimento ocorre sob temperaturas acima de 35ºC (MEDINA, 1985) e abaixo de 10ºC (AUBERT, 1971). Um dos efeitos da condução da bananeira sob baixas temperaturas é o aumento do ciclo vegetativo e do ciclo de produção, devido ao retardamento na emissão da inflorescência.

Os frutos verdes são seriamente afetados quando expostos à temperaturas iguais ou inferiores a 12ºC por mais do que 10 horas, ocorrendo o distúrbio denominado de friagem ("chilling"). Esta perturbação fisiológica é decorrente do fechamento dos estômatos da casca e da coagulação do conteúdo das células laticíferas, particularmente no pericarpo das frutas. O processo de amadurecimento é afetado e a polpa torna-se de coloração marrom e gelatinosa (MEDINA, 1985; BLEINROTH, 1985).

A relação entre temperatura, crescimento e outros processos na cultura da bananeira se encontra na Figura 2.

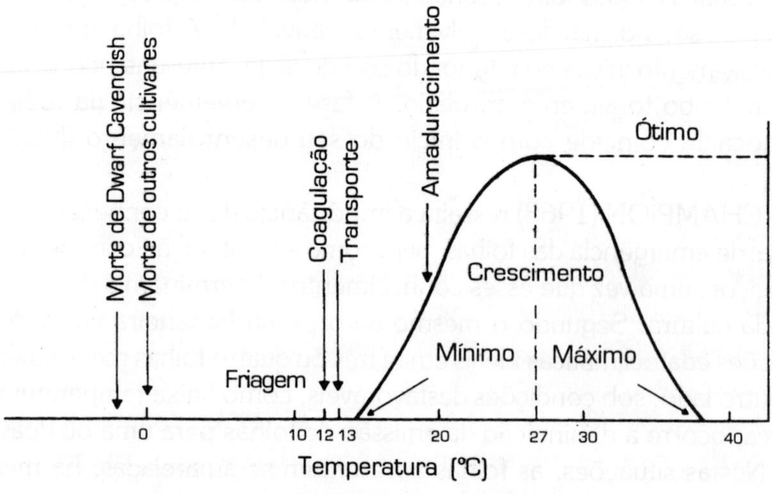

Figura 2 - *Relação entre a temperatura, crescimento e outros processos na cultura da bananeira (SAMSON, 1986)*

Locais onde as geadas são freqüentes devem ser evitados para o plantio de bananeiras, pois "queimam" as plantas, causando secamento das folhas, enegrecimento dos cachos e, em situações mais graves, a morte da planta. Em locais com geadas ocasionais é aconselhável plantar nas encostas.

Umidade – tem sido aceito que uma precipitação mínima mensal de 100 mm, e bem distribuída, é requerida para o bom desempenho da cultura (TAI, 1977). Segundo STOVER & SIMMONDS (1987), áreas de clima tropical que apresentam três meses com precipitação média mensal abaixo de 75 mm precisam de irrigação suplementar.

A deficiência de água na cultura da bananeira resulta no aumento do ciclo, menor tamanho dos cachos e frutos com baixa qualidade.

A bananeira, como sendo típica de regiões tropicais úmidas, sofre influência da umidade relativa do ar. Segundo MEDINA (1985), regiões com umidade relativa do ar com médias acima de 80% são as mais favoráveis para o desenvolvimento de bananeiras, pois nestas condições ocorre o favorecimento da emissão de folhas, o lançamento da inflorescência e uniformização na coloração dos frutos.

Luminosidade – a bananeira requer uma boa luminosidade para manter um ritmo normal de emissão de folhas e atingir o porte normal. Em regiões caracterizadas por períodos chuvosos intensos, há diminuição da taxa fotossintética devido à nebulosidade, com prejuízos ao crescimento da planta, podendo, em alguns casos, ser restringido o processo de diferenciação floral. A condição de luminosidade ideal para a bananeira é de 12 horas de luz.dia^{-1}.

Altitude – a altitude exerce uma influência indireta no ciclo da bananeira, sendo que à medida que a altitude aumenta, prolonga-se o ciclo da cultura devido à diminuição da temperatura.

Vento –as folhas da bananeira são muito suscetíveis a danos pelo vento. Ventos superiores a 20 km/hora podem causar danos consideráveis como a dilaceração de folhas, diminuindo a superfície foliar ativa. Com ventos iguais ou acima de 40 km/hora pode ocorrer quebra de pseudocaules (MORIN, 1967; TAI, 1977). Os ventos aumentam a transpiração foliar, o que implica um maior consumo de água pela planta.

Solos e nutrição

Para a cultura da bananeira, a parte química do solo não é o fator primordial, pois a deficiência de nutrientes pode ser corrigida com adubações. Por outro lado, a parte física do solo é muito importante, já que dificilmente pode ser modificada. As raízes têm pequeno poder de penetração no solo, e assim muitas vezes o seu desenvolvimento é dificultado pela presença de um solo argiloso, ou solo que inicialmente se apresenta bem arejado e estruturado, e depois se torna compactado sob a ação de diversos fatores (CAMPOS, 1982)

Os solos ideais para a bananeira são os profundos (mínimo de 1 m), com alta fertilidade, boa aeração e drenagem. Com relação ao pH, apesar de não terem sido verificadas diferenças de produção em solos com pH variando de 3,5 a 6,7 (LAHAV & TURNER, 1983), os mais indicados são aqueles com pH entre 6,0 e 7,0, pois evitam que alguns nutrientes importantes tornem-se pouco disponíveis (MORIN, 1967; TAI, 1977; MEDINA, 1985).

Para garantir boas produções, a bananeira requer uma quantidade grande de nutrientes minerais e adubo orgânico durante o seu ciclo. De todos os nutrientes minerais, o potássio parece ser o mais importante, uma vez que sua baixa disponibilidade reduz o florescimento, aumenta o tempo de maturação dos cachos, diminui o número, o tamanho e o peso de frutos (LAHAV, 1973; TURNER & BARKUS, 1982). O baixo crescimento dos frutos em função da deficiência de potássio se deve à diminuição da translocação de compostos de carbono da folha para o fruto e, mesmo quando os carboidratos alcançam os frutos, a conversão em amido é inibida (MARTIN-PREVÉL, 1984). A Tabela 1 apresenta o volume de exportação de alguns nutrientes minerais pela banana 'Prata-Anã', o que comprova a alta demanda do potássio, principalmente por parte dos frutos.

O nitrogênio é de vital importância para a cultura, uma vez que a grande expansão vegetativa das bananeiras implica uma grande demanda deste nutriente. Deficiência de nitrogênio resulta em menor área foliar

Tabela 1 – Exportação de alguns nutrientes minerais pela banana 'Prata-Anã'.

Nutrientes	kg/t. de cachos		
	Frutos	Ráquis	Total
N	1,559	0,115	1,674
P	0,232	0,021	0,253
K	4,177	0,659	4,836
Ca	0,168	0,032	0,200
Mg	0,343	0,026	0,369

Fonte: MALBURG (1994).

com efeitos sobre o ciclo vegetativo e qualidade dos frutos. Quando em excesso, ocorre rápido crescimento em altura do pseudocaule, com perda da sua resistência. Além disso, o rebento tem a fase vegetativa prolongada pelo excesso de folhas novas emitidas durante mais tempo (MEDINA, 1985).

TURNER & BARKUS (1983) afirmam que a bananeira requer menos fósforo do que potássio, e raramente são encontrados sintomas de deficiência de fósforo.

MALBURG *et al.* (1992) destacam a importância do zinco para bananas 'Enxerto', pois, para este cultivar, um dos fatores que favorecem a incidência do mal-do-panamá (uma das mais importantes doenças da bananeira) é a carência de zinco no solo e conseqüentemente na planta. A deficiência desse nutriente limita a formação de tiloses nas raízes, formação que constitui um mecanismo de resistência ao mal-do-panamá.

Relações hídricas

Os bananais, de acordo com a sua densidade populacional, possuem uma superfície evaporativa entre 37.500 a 45.000 m^2. Esses valores estão relacionados com a rapidez de desenvolvimento da bananeira e permitem compreender que as necessidades de água requeridas pela cultura são elevadas e constantes.

Em algumas regiões tropicais que possuem uma estação seca definida nas quais não seja realizada a irrigação, ocorre o aumento no período entre o florescimento e a colheita.

Os períodos críticos, nos quais os efeitos de um suprimento inadequado de água são mais pronunciados, ocorrem durante a emergência da inflorescência, podendo, em situações mais graves, não ocorrer o lançamento da inflorescência; e no período próximo à colheita, durante o desenvolvimento final dos frutos (ISRAELI & LAHAV, 1986).

Fotossíntese

BRUN (1961) verificou que a atividade fotossintética da folha da bananeira é maior na face inferior se comparada com a face superior,

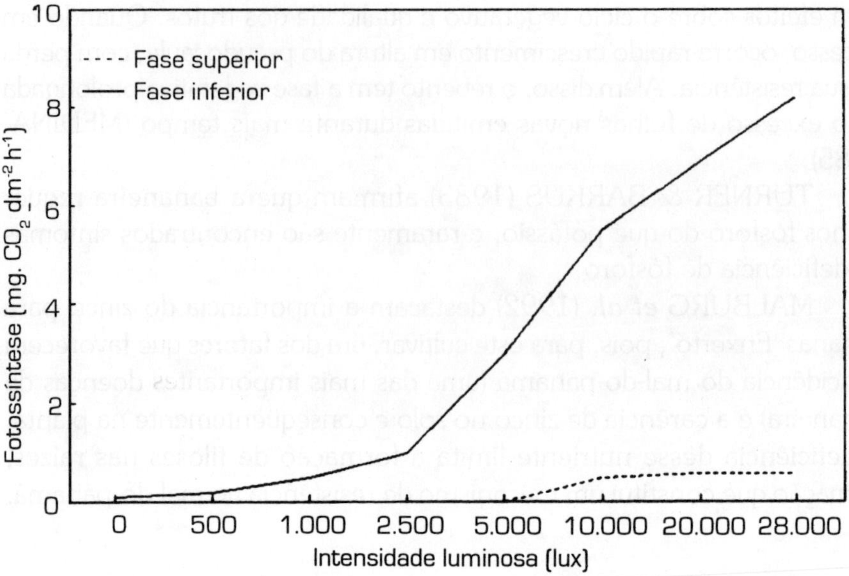

Figura 3 – *Taxa fotossintética da face superior e inferior de folhas de bananeiras 'Gros Michel' em diferentes intensidades luminosas (de BRUN, 1961)*

com incrementos maiores entre 2.500 e 1.000 lux (Figura 3). A maior atividade fotossintética da face inferior se deve ao maior número de estômatos presentes, se comparado com a face superior. Sabe-se que os estômatos abertos são vias de acesso do CO_2 do ar, que é incorporado na fotossíntese.

Florescimento e frutificação

Após a planta produzir e fixar um determinado número de folhas, que varia conforme o cultivar e as condições ambientais, uma inflorescência surge a partir da gema apical do pseudocaule. A inflorescência é uma espécie de espiga simples terminal constituída de um eixo (engaço) no qual se inserem flores em fileiras, denominadas "mãos" (pencas). Cada penca é protegida por uma bráctea que se abre à medida que ocorre a emissão da inflorescência (SAMSON, 1986). As primeiras pencas são constituídas principalmente por flores femininas com ovário bem desenvolvido. A seguir, surgem as flores masculinas, com ovário pouco desenvolvido. Na zona de transição entre flores femininas e masculinas podem aparecer pencas hermafroditas (CHAMPION, 1968; MEDINA, 1985; ISRAELI & LAHAV, 1986).

Geralmente, a bananeira emite uma penca a cada dia, sendo que as pencas de flores masculinas só aparecem após cessar a emissão de flores femininas (ISRAELI & LAHAV, 1986).

As bananeiras de frutos comestíveis geralmente não produzem pólen e seus ovários não são fecundados. Existem casos, porém, principalmente em bananas silvestres, em que a polinização ocorre, sendo feita por morcegos, insetos e/ou pássaros (NUR, 1976; ISRAELI & LAHAV, 1986).

Os frutos da bananeira são resultado do desenvolvimento, geralmente partenocárpico, dos ovários das flores femininas de uma inflorescência. Provavelmente o ovário é a fonte de hormônios vegetais como auxinas e giberelinas, hormônios esses envolvidos na fixação e crescimento dos frutos (METIVIER, 1986; VÁLIO, 1986).

Os frutos da bananeira apresentam uma curva de crescimento do tipo sigmóide simples representada por um rápido crescimento inicial, logo após a antese, seguido de um crescimento lento, próximo ao amadurecimento. O crescimento do fruto é expresso principalmente pelo crescimento da polpa. Inicialmente, a casca constitui a maior parte do peso do fruto e a quantidade de polpa é muito limitada. Exceto em um curto estágio inicial, a taxa de crescimento da polpa é maior do que a da casca. Após 70-80 dias, o peso da polpa excede o da casca e, na colheita, a relação casca/polpa é de 1:2 ou mais (ISRAELI & LAHAV, 1986).

Zoneamento agroclimático

Segundo BRUNINI (1984), a bananeira, sendo uma cultura dos trópicos úmidos, tem como fatores climáticos que mais determinam o seu bom desempenho econômico a temperatura e o grau de déficit hídrico. Assim sendo, ressalta-se a necessidade da cultura ser estabelecida em locais onde a temperatura média do mês mais frio esteja entre 18 e 20°C e ocorram chuvas de no mínimo 100 mm/mês, bem distribuídas durante o ano. Em regiões marginais, onde a temperatura do mês mais frio pode alcançar menos de 18°C, é importante a escolha da localização da cultura (exposição e altitude) para amenizar os efeitos da friagem.

Foto 2 - *Inflorescência e frutificação da bananeira.*

ISRAELI & LAHAV (1987) ressaltam que em regiões marginais, como em climas subtropicais, em que há uma parada no crescimento devido à seca ou a períodos de baixas temperaturas, a produção é sazonal, ou seja, existem determinadas épocas do ano em que há pouca ou quase nenhuma produção. Em regiões tropicais, a produção é contínua, isto é, à medida que termina a colheita de um ciclo de produção, outro ciclo começa a ser colhido.

Estratégias para altas produções

Em trabalhos realizados por PEDROTTI *et al.* (1987), ALVES *et al.* (1994) e LICHTEMBERG *et al.* (1994) foram verificados aumentos de produtividade em bananas plantadas em sistemas adensados. O aumento da densidade tradicional utilizada de 900 -1.300 plantas/ha para 1.600-2.500 plantas/ha resulta, segundo os autores, numa melhor exploração do solo em relação aos nutrientes e água, e menor concorrência com plantas invasoras, devido ao maior sombreamento. Alguns resultados obtidos por PEDROTTI *et al.* (1987) são apresentados na Tabela 2.

Tabela 2 - Produtividade média de três cultivares de bananeiras submetidas a três densidades de plantio.

		t/ha		
Espaçamento	Plantas/ha	'Nanicão'	'Prata-Anã'	'Branca'
3 x 1,5 m	2.222	40,36	20,79	17,27
3 x 2,0 m	1.666	24,87	17,02	11,63
3 x 2,5 m	1.333	19,01	12,52	10,34

Fonte: PEDROTTI *et al.* (1987).

BOSE *et al*. (1992) estabeleceram 2.500 plantas/ha como a densidade ótima para o plantio de bananas 'Giant Governor', que proporcionou alta produção (36,8 t/ha), ótima qualidade e tamanho dos frutos. Os mesmos autores observaram que com densidades acima de 2.500 plantas/ha aumentou o período de tempo necessário para a planta entrar em florescimento e obtiveram-se menores qualidade e tamanho dos frutos.

STOVER & SIMMONDS (1987) esclarecem que, para cada cultivar, existe uma população ideal, levando-se em consideração principalmente as variações na arquitetura da copa, devendo desta forma serem feitos ajustes em função do cultivar e em relação às condições edafoclimáticas da região.

A irrigação é indispensável em algumas regiões com seca bem definida, que pode propiciar aumentos significativos em produtividade. Além disso, em bananais irrigados ocorre precocidade na produção (GAÍVA *et al*., 1994).

MIRANDA & MIRANDA (1994) consideram que a utilização conjunta de desbaste de frutos, cobertura morta e espaçamento reduzido são formas de aumentar a produtividade de bananas no estado do Paraná.

Efeitos de reguladores vegetais

Com base nas revisões realizadas por LAHAV & GOTTREICH (1984) e por CASTRO & FACHINELLO (1993), são apresentados resumidamente os principais efeitos de diferentes reguladores vegetais na bananeira:

Auxinas – 2,4 - D (ácido 2,4 - diclorofenoxiacético), 2,4,5 - T (ácido 2,4,5 - triclorofenoxiacético), 2,4,5 - TB (ácido 2,4,5 - triclorofenoxibutírico) e MCPA (ácido 2 metil-4-clorofenoxiacético) em doses de 50 a 100 mg. L^{-1} são utilizados para destruição de bananais antigos. Tratamentos pré-colheita por imersão com 2,4 - D ou 2,4,5 - T em doses acima de 250 mg.L^{-1} aceleram o amadurecimento de bananas imaturas do grupo 'Dwarf Cavendish'. Aplicações de ácido naftalenacético (NAA) em doses de 500 mg. L^{-1} adiantam uniformemente o amadurecimento dos frutos. O estímulo ao amadurecimento também é alcançado por imersão dos frutos por 10 minutos em uma solução contendo 100 mg. L^{-1} de ácido indolilacético (IAA).

Giberelinas – a concentração endógena de giberelina diminui durante o processo de amadurecimento do fruto. Aplicações de ácido giberélico (GA_3) ou de GA_4 + GA_7 atrasam o amadurecimento e a senescência do fruto, pois reduzem a queda de concentração endógena de giberelina. Aplicação da GA_3 na planta pode atrasar o florescimento e aumentar o tamanho final dos frutos. As doses de GA_3 normalmente utilizadas são de 50 a 500 mg. L^{-1}.

Citocininas – aplicações de BAP (6-benzilaminopurina) em doses de 100 mg. L^{-1} em bananas na fase pré-climatérica, antes da colheita, atrasam o amadurecimento dos cachos. Em pós-colheita, a imersão dos frutos por 5 a 60 segundos em BAP a 10-20 mg. L^{-1} atrasa o amadurecimento.

Inibidores e retardadores de crescimento – aplicações de ABA (ácido abscísico) na planta promovem o florescimento precoce. Em pós-colheita, a imersão dos frutos por 30 minutos em uma solução contendo 1 mg. L^{-1} de ABA aumenta a taxa de amadurecimento devido à ampliação na atividade enzimática. Aplicações de bloqueadores da síntese de giberelinas, como B-nine (daminozide) ou CCC (chlormequat) podem reduzir o crescimento em altura das plantas. O Paclobutrazol é um retardador de crescimento que inibe a síntese de giberelinas e controla o crescimento de bananeiras conduzidas em cultivo protegido (EL-OTMANI *et al.*, 1992).

Etileno – a imersão de bananas 'Nanica' em soluções de ethephon (ácido 2 - cloroetilfosfônico) em doses de 500 a 1.000 mg. L^{-1}, por períodos de um minuto a uma hora, adiantam o amadurecimento dos frutos.

O ethephon induz a produção endógena do etileno. Aplicações de ethephon em plantas apresentam resultados variados conforme a dosagem aplicada. Pulverizações da planta com 5 mg. L^{-1} aumentam a altura do pseudocaule, enquanto doses de 200, 500 ou 1.000 mg. L^{-1} reduzem ou paralisam o seu crescimento.

Maturação dos frutos

O modelo de respiração de bananas é do tipo climatérico, ou seja, em um determinado momento durante o processo de maturação há um súbito aumento na taxa respiratória iniciada pela produção autocatalítica de etileno, sendo esta fase denominada período climatérico. Esta fase coincide com o decréscimo nos promotores de crescimento. O climatérico leva ao amadurecimento do fruto pela ampliação e síntese de enzimas ou aceleração de atividades degradativas. Após a fase de amadurecimento, os processos degradativos superam os de síntese, iniciando a senescência e morte do fruto (PALMER, 1971; AWAD, 1993).

A exposição dos frutos em condições adversas interfere sobre esses processos, como as baixas temperaturas, que causam a friagem ("chilling"), resultando numa maturação anormal, assim como em rápida senescência e morte (AWAD, 1993).

Senescência

A bananeira tem seu ciclo de vida definido, iniciando com a formação do rebento e seu aparecimento no nível do solo. Com o crescimento do rebento, a planta produz um cacho de frutas e em seguida ocorre o secamento de suas folhas, aparentando a morte da planta. Porém, uma bananeira adulta, em condições naturais, apresenta ao seu redor outras bananeiras em diversos estádios de desenvolvimento, caracterizando uma "touceira", ou seja, um conjunto de bananeiras interligadas, com diferentes idades e oriundas de uma única planta, que garante a perpetuação da espécie (MOREIRA, 1987).

Bibliografia

ALVES, E.J.; CALDAS, R.C.; OLIVEIRA, M. A. "Avaliação de sistemas de produção para bananeira 'Prata'". *Revista Brasileira de Fruticultura*, v.14, nº 2, pp. 25-30, 1992.

AUBERT, B. "Action du climat sur le comportement du bananier en zones tropicales et subtropicales". *Fruits*, v.26, n.3, pp. 175-188, 1971.

AWAD, M. *Fisiologia pós-colheita de frutos*. São Paulo, Nobel, 114 p., 1993.

BLEINROTH, E.W. "Matéria-prima". *In*: Instituto de Tecnologia de Alimentos. *Banana – Cultura, matéria-prima, processamento e aspectos econômicos*. 2ª ed. Campinas, ITAL, pp. 133-196, 1985.

BOSE, T.K.; MITRA, S.K.; CHATTOPADHYAY, P.K. "Optimum plant density for some tropical fruit crops". *Acta Horticulturae*, v.296, pp. 171-176, 1992.

BRUN, W.A. "Photosynthesis & transpiration from upper & lower surfaces of intact banana leaves". *Plant Physiology*, v.36, nº 4, pp. 399-405, 1961.

BRUNINI, O. "Exigências climáticas e aptidão agroclimática da bananeira". *In*: *Anais do Simpósio Brasileiro sobre Bananicultura*, 1., Jaboticabal, UNESP/FUNEP, pp. 99-117, 1984.

CAMPOS, G.M. *Bananicultura nos perímetros irrigados*. Fortaleza, DNOCS, 61 p., 1982.

CASTRO, P.R.C.; FACHINELLO, J.C. *Aplicações de reguladores vegetais em fruticultura*. Piracicaba, ESALQ/CENA, 43 p. (Boletim Técnico, 2), 1993.

CHAMPION, J. *El plátano*. Barcelona, Editorial Blume, 247 p., 1968.

EL-OTMANI, M.; JABRI, K.; SEDKI, M. "Paclobutrazol effect on development on greenhouse-grown banana: a 2 - years assessment". *Acta Horticulturae*, v.296, pp. 89-96, 1992.

GAÍVA, H. N.; RUGGIERO, C.; BANZATTO, D.A. "Crescimento e produção da bananeira Nanicão (2º ciclo), em função da seleção do rebento e da irrigação". *In*: Congresso Brasileiro de Fruticultura, (Resumos), 13, Salvador, SBF, v.1, pp. 181-182, 1994.

ISRAELI, Y.; LAHAV, E. Banana. *In*: MONSELISE, S.P. *Handbook of fruit set and development*. Boca Raton, CRC Press, pp. 45-73, 1986.

LAHAV, E.; GOTTREICH, M. "The effect of growth hormones on bananas: A review". *Plant Growth Regulation*, v.2, nº 1, pp. 15-30, 1984.

LAHAV, E.; TURNER, D.W. *Banana nutrition*. Berna, International Potash Institute, 62 p., (Bulletin nº 7), 1983.

LAHAV, E. "Effects and interaction of manure and fertilizers in a banana plantation". *The Israel Journal of Agricultural Research*, v.23, nº 2, pp. 45-57, 1973.

LITCHEMBERG, L.A.; MALBURG, J.L.; HINZ, R.H. Espaçamento para bananeira Nanicão no litoral norte de Santa Catarina. *In*: Congresso Brasileiro de Fruticultura, *(Resumos)* 13, Salvador, SBF, v.1, pp. 183-184, 1994.

MALBURG, J.L.; CARVALHO, J.G.; VALE, F.R.; GUEDES, G. A. A.; ANJOS, J.T. "Amostragem foliar para a diagnose nutricional de zinco na bananeira 'Enxerto' ('Prata-Anã') em Santa Catarina". *Revista Brasileira de Fruticultura*, v.14, nº 1, pp. 21-26, 1992.

MALBURG, J.L.; LICHTEMBERG, L.A.; HINZ, R.H.; SARTORI, L.R. "Exportação de nutrientes pela banana 'Enxerto' em Santa Catarina". *In*: Congresso Brasileiro de Fruticultura, *Resumos* 13, Salvador; SBF, v.1, pp. 245-246, 1994.

MARTIN-PRÉVEL, P. "Exigências nutricionais em bananicultura". *In*: Simpósio Brasileiro sobre Bananicultura, 1, Jaboticabal, 1984. *Anais*. Jaboticabal, UNESP/FUNEP, pp. 118-134, 1984.

MEDINA, J.C. "Cultura". *In*: Instituto de Tecnologia de Alimentos. *Banana – Cultura, matéria-prima, processamento e aspectos econômicos*. 2ª ed. Campinas, ITAL, pp. 1-131, 1985.

METIVIER, J. R. "Giberelinas". *In*: FERRI, M.G. *Fisiologia Vegetal*. São Paulo, EPU, v.2, pp. 129-161, 1986.

MIRANDA, M.; MIRANDA, G.M. "Análise agroeconômica de quatro sistemas de produção de banana no litoral paranaense – Brasil". *In*: Congresso Brasileiro de Fruticultura, *Resumos*, 13, Salvador, 1994. Salvador: SBF, v.1, pp. 185-186, 1994.

MOREIRA, R.S. *Banana: teoria e prática de cultivo*. Campinas, Fundação Cargill, 335 p., 1987.

MORIN, C. *Cultivo de Frutales Tropicais*. Lima, Librerias ABC S.A. 448 p., 1967.

NUR, N. "Studies on pollination in Musaceae". *Annals of Botany*, v.40, nº 166, pp. 167-177, 1976.

PALMER, J. K. "The banana". *In*: HULME, A.C. *The biochemistry of fruit and their products*. Londres, Academic Press, v.2, pp. 65-105, 1971.

PEDROTTI, E.L.; GUERRA, M.P.; WEIDUSCHAT, A.A. "Comportamento de três cultivares de bananeiras em três densidades de plantio". *In*: Congresso Brasileiro de Fruticultura, 9, Campinas, 1987. *Anais*. Campinas, SBF, pp. 147-153, 1987.

ROCHELLE, L. A.; RODRIGUES, R.R.; CAPELLARI JÚNIOR, L. *Famílias de plantas fanerogâmicas de interesse econômico*. Piracicaba, CALQ, 57 p., 1991.

RODRIGUES, J.A.; MANICA, I. "Efeito da seleção e preparo da muda no desenvolvimento e produção da bananeira (*Musa* sp.) cv. Prata". *In*: *Anais* do Congresso Brasileiro de Fruticultura, 5, Pelotas, SBF, v.1, pp. 81-87, 1979.

SAMSON, J.A. *Tropical Fruits*. 2ª ed. Harlow, Longman Singapore Publishers Ltd., 336 p., 1986.

SHEPHERD, K. "Melhoramento genético de bananeiras". *In*: *Anais de* Simpósio Brasileiro sobre Bananicultura, 1, Jaboticabal, UNESP/FUNEP, pp. 75-94, 1984.

SIMMONDS, N.W. *Bananas*. 2ª ed. Londres: Tropical Agriculture Series. 512 p, 1982.

SOUZA, M.M.; FERRAZ, L. "Estudo comparativo do desenvolvimento de tipos de mudas de bananeira". *In*: Congresso Brasileiro de Fruticultura, 2, Anais de Viçosa, SBF, v.1, pp. 55-65, 1973.

STOVER, R.H.; SIMMONDS, N.W. *Bananas*. 3ª ed., Nova York, Tropical Agriculture Series, 468 p., 1987.

TAI, E.A. Banana. *In*: ALVIM, P. T.; KOZLOWSKY, *T.T. Ecophysiology of Tropical Crops*. Nova York, Academic Press, cap. 16, pp. 441-460, 1977.

TURNER, D.W.; BARKUS, B. "Yield, chemical composition, growth and maturity of 'Williams' banana fruit in relation to supply of potassium, magnesium and manganese". *Scientia Horticulturae*, v.16, nº 3, pp. 239-252, 1982.

VÁLIO, I.F.M. "Frutificação". *In*: FERRI, M.G. *Fisiologia Vegetal*. 2ª ed., São Paulo: EPU/EDUSP, 401 p., 1986.

Cacaueiro

Theobroma cacao L.

Maria L. S. Tucci
Humberto A. Zaidan

Origem e distribuição geográfica

O cacaueiro ocorre em estado nativo na Bacia Amazônica e em outras regiões tropicais da América do Sul e Central. As regiões do alto Amazonas têm sido consideradas como as de origem do cacaueiro. O cultivo comercial se encontra em regiões situadas entre as latitudes 15º N e 20º S, sendo que, segundo WOOD (1985), 75% da produção mundial está localizada entre 8º ao Norte e ao Sul do Equador.

As áreas geográficas produtoras são a África, que deteve em 1993/94 cerca de 57% da produção mundial, a América Central, Norte e Sul, com 22%, e a Ásia e a Oceania, com 21%. Em ordem, os maiores produtores no período 1993/94 foram Costa do Marfim, Brasil, Indonésia Gana, Malásia e Nigéria, sendo que esses países juntos detêm 81% da produção mundial. No Brasil, o estado da Bahia é responsável por 90% da produção. Num período em que a produção mundial foi estimada em 2.467 mil toneladas, a brasileira foi responsável por 270 mil toneladas.

Classificação botânica

O cacau, de acordo com Adolf Engler e Arthur Cronquist, possui a seguinte classificação botânica:

	Engler	Cronquist
Divisão	Angiospermae	Magnoliophyta
Classe	Dicotyledoneae	Magnoliopsida
Subclasse	Archichlamydeae	Dilleniidae
Ordem	Malvales	Malvales
Família	Sterculiaceae	Sterculiaceae
Gênero	*Theobroma*	*Theobroma*
Espécie	*Theobroma cacao* L.	*Theobroma cacao* L.

Segundo ENRIQUEZ (1985), é possível classificar os cacaus cultivados em três grandes grupos, que se referem a complexos genéticos amplos, aos quais correspondem as seguintes variedades: **a)** *Criollos*: frutos verdes ou vermelhos, cilíndricos, casca rugosa, delgada ou grossa, sementes brancas ou ligeiramente pigmentadas, cilíndricas ou ovais; **b)** *Forasteros*: frutos geralmente verdes, ovais, cascas lisas ou ligeiramente rugosas, sementes violeta. É a variedade mais difundida, e representa 80% da produção mundial; **c)** *Trinitarios*: constituem as populações híbridas de cruzamentos espontâneos de *Criollos e Forasteiros*, e seus frutos e sementes têm características intermediárias entre os grupos que lhes deram origem.

Morfologia, anatomia e desenvolvimento

O cacaueiro é uma árvore que pode alcançar de 5 a 7 m de altura média, às vezes mais, quando cresce em estado selvagem. Apresenta uma raiz principal, que pode crescer normalmente entre 1,20 e 1,50 m, podendo, ocasionalmente, alcançar 2 m, dependendo da estrutura do solo. Nos primeiros 20-25 cm, a partir do solo, se desenvolve grande quantidade de raízes laterais ou secundárias, que dão origem a outras terciárias. Dessas, a maioria (85-90%) se localiza nos primeiros 20-25 cm de profundidade do solo, ao redor da árvore (ENRIQUEZ, 1985).

Um estudo microscópico da anatomia das raízes primárias e secundárias mostra que ocorre uma única diferença entre elas: o metaxilema compreende seis feixes na raiz primária mas somente quatro na raiz secundária. Os feixes de metaxilema se alternam com grupos de vasos de metafloema, estando separados destes por parênquima, o qual desaparece com o início do crescimento secundário. Algumas das células parenquimatosas têm grandes vacúolos preenchidos com mucilagem. O metafloema é separado da endoderme por uma única camada de células de periciclo, as quais formam um cilindro hexagonal nas raízes primárias jovens. As células da endoderme são mucilaginosas. Pêlos absorventes são formados somente nas raízes laterais jovens, próximo às suas extremidades (HARDY, 1961).

Os ramos do cacaueiro apresentam dimorfismo, podendo ser ortotrópicos (tronco e ramos "chupões"), que apresentam crescimento vertical, e plagiotrópicos (ramos laterais), de crescimento oblíquo. A plântula cresce verticalmente, até alcançar a altura de 1 a 2 m, quando a gema apical cessa o crescimento, e cinco ramos laterais emergem, constituindo-se em um conjunto denominado palma (TOXOPEUS,1985).

A anatomia dos caules e ramos jovens se assemelha à das raízes e mostra estádios de desenvolvimento semelhantes, tanto para "chupões" como para ramos laterais. Um traço característico é a ocorrência de grandes cavidades alongadas na medula, as quais são preenchidas com mucilagem. O córtex também contém numerosas células mucilaginosas, mas elas são menores (HARDY, 1961).

As folhas mostram caracteres dimórficos correspondendo aos diferentes tipos de ramos que lhes deram origem. Nos "chupões", as primeiras folhas são simétricas e possuem pecíolo longo, o qual exibe um pulvino bem desenvolvido que permite sua orientação em relação à luz. As folhas dos ramos laterais têm pecíolos mais curtos e são ligeiramente assimétricas (TOXOPEUS, 1985).

A produção de folhas nos ramos laterais é realizada por uma série de lançamentos, caracterizados pelo desenvolvimento rápido da gema terminal, com produção de três a seis pares de folhas. Após a expansão do lançamento, a gema terminal permanece dormente por um período determinado por vários fatores ambientais, até a ocorrência do lançamento seguinte (TOXOPEUS, 1985).

A lâmina foliar contém três camadas de células paliçádicas no lado superior e uma camada de tecido esponjoso no lado inferior. As células paliçádicas são pequenas e contêm abundantes cloroplastos. Os espaços intercelulares são pequenos, mas incluem grandes cavidades preenchidas com mucilagem. A epiderme superior se constitui de células grandes, de paredes finas e cobertas com cutina, e a inferior consiste de células pequenas de paredes grossas (HARDY, 1961). Os estômatos estão presentes apenas na face inferior e seu número por unidade de área é afetado pela intensidade luminosa, a qual também influencia o tamanho e espessura das folhas (TOXOPEUS, 1985).

O cacaueiro é uma espécie cauliflora típica e as flores aparentemente se originam diretamente da casca, porém, na realidade, são formadas a partir de inflorescências muito pequenas, originadas nas axilas das folhas. O termo "almofada floral" é comumente utilizado para se referir ao local onde as inflorescências aparecem. Cada almofada produz flores por muitos anos, se tornando estéril, aparentemente, após sofrer injúria mecânica, ou pela ocorrência de doenças na casca. Um cacaueiro adulto pode produzir milhares de flores por ano, às vezes, mais de 50 mil, das quais somente uma pequena proporção (menos de 5%) é polinizada e uma fração ainda menor – 0,5 a 2,0% – se transforma em frutos comerciais (ALVIM, 1986).

A flor, de dimensões pequenas (diâmetro variando de 0,5 a 1 cm), é regular e pentâmera. As cinco sépalas, soldadas na base, são brancas ou rosadas. As cinco pétalas, alternadas com as sépalas, apresentam forma característica: estreitas na base, se alargam e se tornam côncavas para formar a cogulha, de cor branca, apresentando interiormente duas linhas de coloração violeta. O ovário, súpero, compreende cinco cavidades, cada uma contendo seis a dez óvulos dispostos ao redor do eixo central. O estilo é tubular, terminando em cinco estigmas. O androceu é composto por cinco estames que se alternam com cinco estaminódios estéreis. Enquanto os estaminódios, de cor violácea, rodeiam o estilo, os estames se curvam para o exterior, em direção às pétalas, estando as anteras alojadas no interior das cogulhas de cada uma das pétalas correspondentes (Figura 1).

Cada estame é duplo, provindo da fusão de dois estames, e as anteras apresentam quatro sacos polínicos (BRAUDEAU, 1970). Os grãos de pólen são esferoidais e muito pequenos (16 a 23 μm), pegajosos e em geral saem dos sacos polínicos em forma de grumos contendo centenas de grãos (ENRIQUEZ, 1985).

O cacaueiro é uma planta altamente alógama, sendo que a polinização cruzada é estimada em mais de 95%. Tal como ocorre em muitas plantas de fecundação cruzada, o cacaueiro apresenta o fenômeno de incompatibilidade genética, existindo materiais genéticos autocompatíveis e auto-incompatíveis (ENRIQUEZ, 1985).

A antese se inicia no final da tarde quando as sépalas começam a se separar umas das outras e se completa na manhã seguinte, usualmente entre 4 e 6 horas (ALVIM, 1986). Em geral, a deiscência das anteras se inicia às primeiras horas da manhã, sendo a vida efetiva dos grãos de pólen

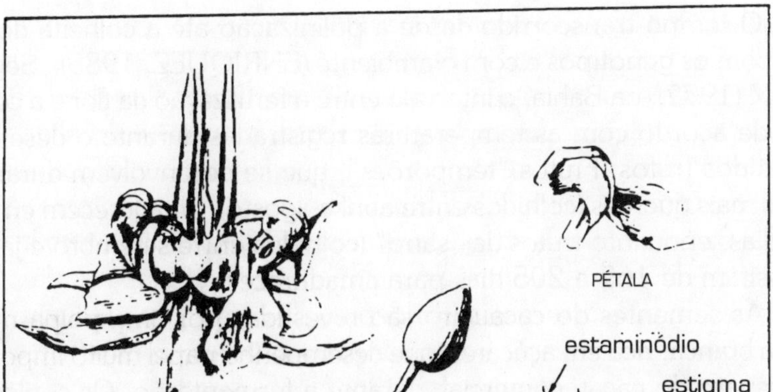

Figura 1 – *A flor do cacaueiro e suas partes constituintes* (ALVIM, *1986*)

curta, geralmente de 48 horas. O pistilo encontra-se receptivo quase imediatamente após a abertura da flor, pouco após a deiscência das anteras (ENRIQUEZ, 1985). Flores não-polinizadas nas primeiras 8 a 10 horas após a antese, normalmente caem em um intervalo de 24 a 48 horas. O cacaueiro é uma espécie entomófila e os mais importantes polinizadores naturais são as moscas do gênero *Forcipomyia* (ALVIM, 1986).

O fruto do cacaueiro é uma baga indeiscente, que apresenta um pericarpo carnoso composto por três partes bem diferenciadas: *epicarpo* – carnoso e espesso; *mesocarpo* —fino e duro, mais ou menos lignificado; e *endocarpo* – carnoso, de espessura variável. O fruto é sustentado por um pedúnculo lenhoso, procedente do engrossamento do pedicelo da flor. Enquanto jovem, apresenta, tal como o ovário, cinco compartimentos, em cada um dos quais estão as sementes regularmente repartidas. Quando o fruto amadurece, desaparecem as paredes dessas câmaras, apenas subsistindo uma cavidade única na qual as sementes, envoltas por uma polpa mucilaginosa espessa, aparecem normalmente dispostas em cinco fileiras. Um fruto pode conter de 30 a 40 sementes (BRAUDEAU, 1970).

O tempo transcorrido desde a polinização até a colheita do fruto varia com os genótipos e com o ambiente (ENRIQUEZ, 1985). Segundo ALVIM (1977), na Bahia, o intervalo entre a fertilização da flor e a colheita varia de acordo com as temperaturas registradas durante o desenvolvimento dos frutos. Frutos "temporões", que se desenvolvem durante os meses mais quentes (colhidos entre abril a agosto), amadurecem em 140-175 dias, enquanto frutos da "safra" (colhidos entre setembro e janeiro) necessitam de 167 a 205 dias para amadurecer.

As sementes do cacaueiro são revestidas por uma polpa mucilaginosa branca, rica em açúcares, que desempenha papel muito importante no preparo do cacau comercial, durante a fermentação. Os cotilédones apresentam numerosos lóbulos imbricados uns com os outros, recobertos por uma finíssima película translúcida, brilhante, que representa os vestígios do endosperma. Estão reunidos em sua base a uma radícula e a uma gêmula rudimentar, que constituem o que se chama impropriamente de "gérmen" da semente do cacau (BRAUDEAU, 1970).

Os cotilédones são muito ricos em matéria graxa, a "manteiga" de cacau, e seu conteúdo é geralmente superior a 50%. Estão presentes também várias espécies de polifenóis, responsáveis pelo sabor adstringente da semente fresca. A antocianina, responsável pela coloração violeta dos cotilédones dos cacaus *Forastero* e *Trinitario*, não está presente no cacau *Criollo*, cujas sementes apresentam a cor branca (BRAUDEAU, 1970).

Germinação e propagação

O cacaueiro é normalmente plantado a partir de mudas obtidas de sementes, método simples e barato, sendo as mudas conduzidas no viveiro, até o momento do plantio definitivo. As sementes do cacaueiro, geralmente obtidas de frutos maduros, não apresentam período de dormência, sendo denominadas recalcitrantes (WOOD,1985), com o processo germinativo se iniciando rapidamente após a remoção da polpa mucilaginosa, a qual contém substâncias inibidoras (ENRIQUEZ, 1985).

A germinação é epígea e se produz geralmente de quatro a seis dias após a semeadura. A radícula, esbranquiçada, alonga-se rapidamente, enquanto os cotilédones se levantam de 5 a 7 cm pelo desenvolvimento do hipocótilo. Os cotilédones saem à superfície de 10 a 15 dias após a semeadura, em princípio revestidos pelo tegumento da semente (testa), que se desprende em seguida. O hipocótilo e os cotilédones, expostos à luz, pouco a pouco tomam a coloração verde. As primeiras folhas verdadeiras aparecem com o desenvolvimento do caulículo, de 10 a 15 dias após a germinação (BRAUDEAU, 1970). Segundo WOOD (1985), sementes saudáveis, provenientes de frutos maduros, usualmente propiciam uma germinação de 90 a 95%.

Em condições naturais, a disseminação das sementes é realizada por macacos, esquilos, ratos e outros animais roedores, que perfuram o fruto, alimentam-se da polpa açucarada e ácida, descartando as sementes, cujo sabor é adstringente (HARDY, 1961).

A propagação vegetativa do cacaueiro pode ser realizada por estaquia ou enxertia. Vários fatores influem no enraizamento das estacas, como a origem genética dos materiais, variações estacionais, manejo das estacas e idade das brotações (WOOD, 1985). O sistema radicular das plantas provenientes de estacas é pouco profundo nos primeiros anos, mas com o tempo se desenvolve uma raiz semelhante à pivotante, que se aprofunda no solo dando maior estabilidade à planta (ENRIQUEZ, 1985).

Os estudos do uso de reguladores vegetais para estimular a formação de raízes em estacas de cacaueiro têm sido amplos. HEGDE *et al*. (1990) trataram estacas semilenhosas com várias soluções de reguladores vegetais, sendo que a maior porcentagem de enraizamento (67,8%) foi obtida com 2.000 $mg.kg^{-1}$ de IBA (ácido indolbutírico) + 2.000 $mg.kg^{-1}$ de NAA (ácido naftalenacético). BALASIMHA & SUBRAMONIAN (1983) verificaram que a combinação de IBA e o ácido *p*-hidroxibenzóico intensificaram o enraizamento de estacas de cacaueiro.

Na enxertia, o tipo mais utilizado é a borbulhia. As borbulhas devem ser coletadas de árvores saudáveis, e plântulas vigorosas e sadias devem ser usadas como porta-enxertos (WOOD, 1985).

Efeitos de fatores ecológicos

Segundo ALVIM (1977), a temperatura e a precipitação pluviométrica são os fatores climáticos mais importantes a serem considerados, definindo limitações ecológicas para o cultivo da espécie. ALVIM (1981) chama atenção para o fato de a fisiologia do cacaueiro, diferentemente do que ocorre com outras plantas cultivadas, ser influenciada não apenas pelo clima propriamente dito, mas também pelo microclima proporcionado pelo sistema de cultivo. Em sua opinião, quando se estuda a fisiologia do cacaueiro, é importante que se leve em consideração não apenas os fatores climáticos da região considerada (temperatura, distribuição de chuvas, etc.), mas, igualmente, os tratos culturais empregados pelo cacauicultor, especialmente as condições de sombreamento, que podem modificar acentuadamente o microclima da plantação.

Temperatura – o cacaueiro exige temperaturas relativamente elevadas, com média anual de 23ºC a 26ºC. Com relação às temperaturas mínimas, é de consenso que o limite de temperatura mensal mínima é de 15ºC, com mínima absoluta de 10ºC (ALVIM, 1977).

A temperatura tem influência sobre o crescimento do tronco, lançamentos foliares, formação de flores e maturação dos frutos (ENRIQUEZ, 1985). Em regiões caracterizadas por variações estacionais de temperatura, como o estado da Bahia, esse fator climático desempenha um papel importante nos ciclos de crescimento e distribuição das colheitas (ALVIM, 1981).

Umidade – segundo ALVIM (1977), a precipitação anual nas regiões produtoras de cacau excede a perda anual por evapotranspiração. Em geral, a precipitação anual varia de 1.400 a 2.000 mm na maioria das regiões. A distribuição das chuvas durante o ano parece ser mais importante que o total anual, constituindo-se no principal fator de controle dos lançamentos foliares e do florescimento (ALVIM, 1977). WOOD (1985) menciona como ótimas para a cultura do cacau, precipitações na faixa entre 1.500 e 2.000 mm, com uma estação seca de não mais de três meses, com precipitação inferior a 100 mm mensais.

Sombreamento – o cacaueiro, em seu hábitat natural, cresce à sombra de árvores mais altas e tradicionalmente seu cultivo tem sido realizado em condições que tentam se aproximar da situação natural. Os cacauais podem ser estabelecidos em condições de mata raleada ou em áreas previamente preparadas para o plantio, com a previsão de sombreamento temporário e permanente. As plantas das espécies utilizadas, para propiciar sombreamento temporário, estarão na lavoura durante os primeiros anos, enquanto as outras estarão permanentemente associadas ao cultivo. Existem muitas espécies adequadas à associação com o cacaueiro (ENRIQUEZ, 1985), sendo a seleção feita segundo as características da região.

Vento – o cacaueiro é uma planta bastante sensível ao vento, que pode causar danos físicos nas folhas e provocar a sua queda prematura. Áreas expostas a ventos freqüentes e fortes devem ser protegidas com quebra-ventos (WOOD,1985; ENRIQUEZ, 1985).

Foto 1 - *Planta de cacaueiro* (Theobroma cacao) *sombreada.*

SENA-GOMES & KOZLOWSKI (1989), estudando as respostas de plântulas ao vento, observaram que velocidades de 3,0 e 6,0 $m.s^{-1}$ causaram abscisão foliar, dilaceramento, necrose marginal e internerval e ferimento das folhas apicais.

Solos, nutrição e micorrizas

O cacaueiro exige solos férteis, profundos e sem limitações de caráter físico. Os níveis de adequabilidade dos solos aptos à cacauicultura, propostos por CABALA-ROSAND *et al.* (1974) são: pH (água) = 6; matéria orgânica = 3,5%; saturação de Ca+Mg = 75%; P (Mehlich) = $5 \mu g.g^{-1}$; K (Mehlich) = 0,30 $cmol_c.kg^{-1}$ e Ca+Mg trocável = 6 $cmol_c.kg^{-1}$.

ABREU Jr. (1995) relatou as estimativas da extração de nutrientes por cacaueiros, em diferentes fases de desenvolvimento (Tabela 1).

O fósforo e o magnésio foram absorvidos em quantidades relativamente menores, enquanto o potássio foi sempre requerido em maior quantidade, com exceção da fase de viveiro, ocasião em que as exigências foram semelhantes às de nitrogênio e cálcio. A folha foi o compartimento da planta mais importante em termos de acúmulo de nutrientes, tanto na fase de viveiro quanto na fase de desenvolvimento. Os compartimentos

Tabela 1 - Estimativas da extração de nutrientes por cacaueiros em diferentes fases de desenvolvimento, considerando uma densidade de cerca de 1.075 plantas por hectare em condições de cultivo na Malásia.

Fase de desenvolvimento	Idade da planta (meses)	N	P	K	Ca	Mg	Mn	Zn
		Exigência nutricional média kg.ha^{-1}						
Viveiro	5-12	2,4	0,6	2,4	2,3	1,1	0,04	0,01
Desenvolvimento	28	136	14	156	113	47	3,9	0,5
Início da produção	39	212	23	321	140	71	7,1	0,9
Plena produção	50-87	438	48	633	373	129	6,1	1,5

Fonte: ABREU Jr. (1995).

folha e ramos+caules acumularam quantidades relativamente semelhantes de nutrientes, com exceção do K e Ca, que apresentaram maior acúmulo no caule e nos ramos, na fase de produção.

Existe uma inter-relação bastante complexa entre sombreamento e exigências nutricionais do cacaueiro e, para WESSEL (1985), esses

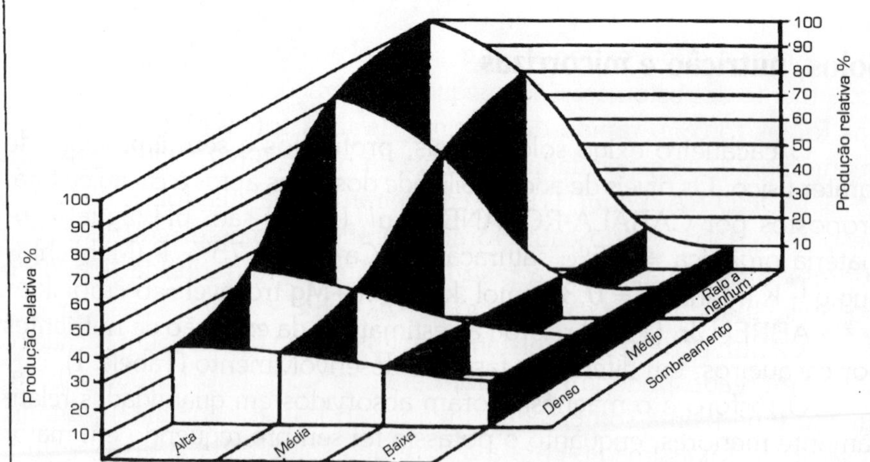

Figura 2 - *Representação dos efeitos da interação entre fertilidade do solo e níveis de sombreamento sobre a produção do cacaueiro (ALVIM, 1972).*

conceitos não podem ser considerados separadamente. A Figura 2 representa a relação entre nível de sombreamento e fertilidade do solo, sobre a produção relativa do cacaueiro, segundo concepção de ALVIM (1972).

O cacaueiro tem apresentado respostas positivas à inoculação micorrízica, com aumento significativo no crescimento das plântulas (AZIZAH CHULAN & RAGU, 1986). A quantidade de fertilizantes orgânicos necessária para o máximo crescimento da planta foi reduzida pela simbiose com as micorrizas. A inoculação, com fungos MVA (micorrízicos vesículo-arbusculares), é realizada durante o processo de propagação (AZIZAH CHULAN, 1991).

BARBOSA (1992) concluiu que a inoculação de fungos micorrízicos *Gigaspora margarita* e fungos nativos, na presença de calagem, aumentou o teor de P em 150 e 140%, respectivamente. Em trabalho de CUENCA *et al.* (1990), plântulas responderam bem aos fungos MVA nativos cuja espécie dominante foi *Scutellospora calospora*, com aumento significativo na altura, peso seco e concentrações foliares de P, Cu e Zn em relação ao controle. Para AZIZAH CHULAN & MARTIN (1992), a inoculação com espécies *Scutellospora* e *Glomus* resultou em maior produtividade de matéria seca e diâmetro caulinar de plantas micorrizadas.

Relações hídricas

O cacaueiro é extremamente sensível ao déficit hídrico, ocorrendo fechamento dos estômatos, sob pequenas alterações no conteúdo de água das folhas (3,3%), rápido decréscimo da taxa fotossintética e, conseqüentemente, da capacidade produtiva da planta (ENRIQUEZ, 1985).

MOHD-RAZI *et al.* (1992) concluíram que a área foliar, o IAF e o peso seco da raiz e do caule foram significativamente reduzidos pela supressão de água, e que a taxa fotossintética foi reduzida quando o potencial hídrico foliar caiu abaixo de -2,0 MPa.

VALLE *et al.* (1987) relatam que, em um dia nublado, um cacaueiro não-sombreado poderia transpirar cerca de 45 L (1,2 $L.m^{-2}.dia^{-1}$), enquanto uma planta sombreada, cerca de 26 L (0,8 $L.m^{-2}.dia^{-1}$). Em dia ensolarado foi estimada, para a árvore não-sombreada, a taxa de 90 L (2,4 $L.m^{-2}.dia^{-1}$) e, para a árvore sombreada, um valor médio aproximado de 40 L (1,2 $L.m^{-2}.dia^{-1}$). A radiação solar medida no topo da copa de uma árvore em dia nublado foi 75% menor do que em dia ensolarado.

Fotossíntese

Um estudo sobre a fotossíntese do cacaueiro deve envolver discussões sobre o sombreamento, uma vez que este provoca redução na intensidade luminosa que está diretamente relacionado à fotossíntese (WESSEL, 1985). A taxa assimilatória do cacaueiro varia de 7 a 22 mg. CO_2.dm^{-2}.dia^{-1}, quando a intensidade luminosa aumenta de 2 a 25% de luz solar plena. Aumento na intensidade luminosa até 100% de exposição provoca um pequeno aumento na taxa assimilatória. Em dias claros, contudo, observa-se um declínio na taxa assimilatória, quando a radiação solar ultrapassa valores entre 210 e 310 $J.m^{-2}.s^{-1}$ (WESSEL, 1985).

As folhas do cacaueiro alcançam a saturação lumínica com cerca de 15% da luz solar plena. Folhas de plântulas e plantas jovens mostram declínio na taxa fotossintética sob intensidades luminosas mais altas, razão pela qual devem ser mantidas sob sombreamento adequado. As folhas de árvores adultas e vigorosas apresentam pouco ou nenhum decréscimo na taxa fotossintética, quando a intensidade luminosa aumenta até a luz solar plena (equivalente a 1.000 $J.m^{-2}.s^{-1}$). A maior taxa fotossintética (7,5 mg CO_2.dm^{-2}.h^{-1}) foi registrada sob condições favoráveis em folhas grandes e associada com crescimento vigoroso. Foram registrados aumentos nos valores médios da TAL (taxa assimilatória líquida) de 4,5 para 15,2 mg CO_2.dm^{-2}.dia^{-1}, quando a intensidade luminosa aumentou de 5 para 60% da luz solar plena, não tendo havido aumentos adicionais em intensidades luminosas mais altas. A 100% de exposição a TAL foi ligeiramente mais baixa (valor médio de 13,6. mg. CO_2 .dm^{-2}.dia^{-1}), conforme WESSEL (1985). Para ALVIM (1977), o cacaueiro, em comparação com outros cultivos, tem uma TAL relativamente baixa, variando em média entre 5 a 20 mg. CO_2. dm^{-2}.dia^{-1}. Com base em dados da estrutura da copa e intensidades luminosas, pode-se estimar uma TAL dentro da faixa de 7 a 10 mg.dm^{-2}.dia^{-1}, para toda a copa. Extrapolando esses dados teóricos para uma plantação de cacau, apresentando um IAF = 5, chegar-se-ia a uma taxa estimada de produção de matéria seca variando entre 3,5 a 5,0 mg.dm^{-2}.dia^{-1}, a qual é equivalente a uma produtividade primária de 12,8 a 18,2 $t.ha^{-1}.ano^{-1}$.

NG (1982) desenvolveu um modelo simulado de produtividade fotossintética, para estudar a influência do índice de área foliar das árvores de sombreamento, e o índice de área foliar do cacaueiro e de seu vigor, sobre a produtividade potencial. Segundo o modelo, os valores de produtividade primária potencial anual para um IAF de 5 foram equivalentes aos obtidos por ALVIM (1977) para níveis de IAF das árvores de sombra superiores a 1,5. Os resultados da simulação demonstraram que o IAF das árvores de sombra exerce acentuado efeito sobre a produtividade fotossintética, sendo mais importante que o vigor da árvore (Figura 3).

Trabalhos realizados por ALVIM (1977), com cacaueiros cultivados sob dois sistemas de espaçamento e sem sombreamento, indicaram valores de £ (coeficiente de extinção) entre 0,57 a 0,67. Medidas de radiação sob o dossel de cacaueiros adultos usualmente indicam interceptação variando entre 90 a 97%. Assumindo-se um valor médio de £ de 0,62, ter-se-ia um IAF variando entre 3,7 e 5,7, os quais, segundo o autor, estariam de acordo com algumas mensurações de IAF reportadas para a Bahia.

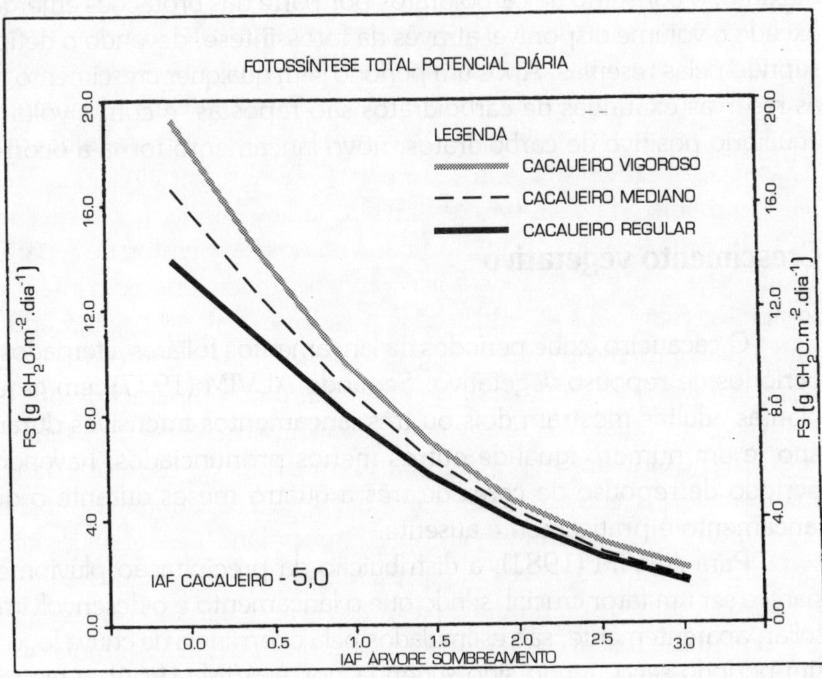

Figura 3 — *Fotossíntese potencial diária simulada [g $CH_2O.m^{-2}.dia^{-1}$] em função do IAF da árvore de sombreamento, para um IAF, do cacaueiro, de cinco em três níveis de vigor [NG, 1982].*

Produção e distribuição de fotoassimilados

BIRD & HARDWICK (1982), estudando o balanço de carboidratos durante o desenvolvimento dos lançamentos em plântulas, estabeleceram que em um lançamento foliar, ocasião em que várias folhas se desenvolvem simultaneamente, pode ocorrer um estresse de carboidratos, o qual pode ser o principal fator a impedir o contínuo desenvolvimento foliar.

MACHADO & HARDWICK (1988) concluíram que as folhas maduras (fontes), não conseguem aumentar a fotossíntese em resposta às crescentes exigências das novas brotações em crescimento (drenos), ainda com pouca capacidade fotossintética. A capacidade fotossintética das folhas adultas diminui quando a demanda de carboidratos por parte das novas brotações atinge seu nível máximo. No momento de crescimento máximo, o consumo de carboidratos por parte das brotações emergentes excede o volume disponível através da fotossíntese, devendo o déficit ser suprido pelas reservas. Após um período sem qualquer crescimento foliar, as reservas exauridas de carboidratos são repostas, e com a volta a um equilíbrio positivo de carboidratos, novo lançamento torna a ocorrer.

Crescimento vegetativo

O cacaueiro exibe períodos de lançamentos foliares alternados com períodos de repouso vegetativo. Segundo ALVIM (1977), em geral, as plantas adultas mostram dois ou três lançamentos intensivos durante o ano, e um número igual de outros menos pronunciados, havendo um período de repouso de cerca de três a quatro meses durante o qual o lançamento é praticamente ausente.

Para ALVIM (1981), a distribuição da precipitação pluviométrica parece ser um fator crucial, sendo que o lançamento e o desenvolvimento foliar, aparentemente, são estimulados pela ocorrência de chuva logo após um período seco, tendo sido sugerida por ALVIM (1964), a expressão "hidroperiodismo", como importante forma de controle estacional do crescimento sob condições tropicais.

ALMEIDA *et al.* (1987) observaram que, uma vez quebrado o repouso da gema apical, a disponibilidade de água pareceu exercer grande influência sobre a intensidade de emissão foliar, que mostrou-se intensa quando um déficit de água no solo (armazenamento de água menor que 50 mm) foi seguido por chuva.

Em cacaueiros jovens, os lançamentos ocorrem em intervalos de aproximadamente dois meses, havendo indícios de que estejam sob controle de um mecanismo endógeno, através do qual a relação parte aérea/sistema radicular se manteria constante (ALVIM, 1977).

HARDWICK *et al.* (1982) estudaram as correlações entre os níveis de promotores e inibidores de crescimento e o estado de atividade da gema apical, sendo que os resultados reforçaram a hipótese de que a atividade da gema apical é controlada principalmente pelos hormônios vegetais. A aplicação de ácido abscísico (ABA) sobre as folhas novas de plântulas prolongou o período de dormência, enquanto aplicações de zeatina e ácido giberélico (GA_3) o reduziram. TAYLOR & HADLEY (1988) estudaram o papel das auxinas no controle do crescimento de folhas novas, concluindo que estas estão envolvidas em intrincado mecanismo endógeno que controla o ciclo de crescimento por lançamento (atividade da gema e desenvolvimento foliar). Os níveis de ácido indolilacético (IAA) foram elevados tanto nas gemas apicais como nas folhas, no início do ciclo de lançamento (emergência das folhas), e diminuíram rapidamente à medida que as folhas foram crescendo.

ABO-HAMED *et al.* (1983) observaram que a taxa máxima de perda de água nas folhas de um novo lançamento somente é atingida após estas estarem plenamente expandidas, estômatos totalmente desenvolvidos e as folhas posicionadas horizontalmente, e sugeriram que o grande aumento na perda de água no lançamento foliar, após essas mudanças, poderia levar a um déficit hídrico interno na planta e, portanto, a um aumento na síntese de ABA no ramo, que por sua vez manteria a dormência do ápice durante, pelo menos, parte do período entre os lançamentos.

Florescimento

ALVIM (1986) classificou, como de natureza interna e externa, os fatores que controlam o florescimento do cacaueiro. Como fatores internos, o autor aponta, entre outros, a idade da planta e correlações internas, tais como competição entre florescimento e frutificação e, entre os fatores externos, o sombreamento, a temperatura e a distribuição da precipitação pluviométrica. Segundo TOXOPEUS (1985), as flores somente são produzidas a partir de uma idade fisiológica mínima (dois a três anos) e sob condições adequadas de cultivo. Para ALVIM (1977), a idade na qual um cacaueiro começa a produzir flores varia com a origem do material genético e com as condições de manejo. A maioria dos híbridos plantados no Brasil começa a florescer aos 18 meses, após o transplante no campo.

VOGEL *et al.* (1982) observaram que a presença de frutos, em qualquer fase do crescimento e no início da maturação, tem efeito depressivo sobre a floração, e que cacaueiros mantidos artificialmente sem frutos constituem material excelente para se observar as influências diretas do clima sobre a maioria dos seus eventos biológicos. Assim, ficou claro que o período de escassez de flores, que na Bahia corresponde aos meses de julho e agosto, ocorre por ação climática, enquanto a duração desse período resulta da ação conjunta de fatores internos (frutos) e externos (clima).

Segundo ALVIM (1986), vários estudos têm demonstrado que plantas desenvolvendo-se sem sombreamento florescem mais cedo e mais intensamente que plantas sombreadas. LEITE & MÜLLER (1983) averiguaram que o sombreamento reduziu o florescimento em ⅔ em plantas de 12 anos, e à metade, em plantas de 50 anos.

De acordo com ALVIM (1986), o florescimento é mais intenso a temperaturas diurnas de 26ºC e 30ºC do que a 23ºC e, para cada nível de temperatura diurna, o florescimento é maior a temperaturas noturnas de 26ºC, do que a 23 ou 30ºC.

As variações nas condições de umidade do solo durante o ano podem ser consideradas como o mais importante fator climático a controlar os processos fisiológicos da planta, inclusive o florescimento, sendo claro o efeito depressivo do estresse hídrico. Por outro lado, efeitos da alternância são observados entre períodos secos e úmidos, indicando a "hidroperiodicidade" como importante estímulo exógeno para a indução do florescimento (ALVIM, 1986).

Frutificação

Ainda que somente uma pequena porcentagem de flores seja polinizada, é normalmente gerado um número de frutos superior à capacidade que a planta tem de manter até a colheita, e o cacaueiro possui seu próprio mecanismo de descarte de frutos. Os frutos jovens do cacaueiro a serem

Foto 2 - *Frutos do cacaueiro.*

descartados inicialmente paralisam o crescimento, uma semana depois tornam-se amarelos e então murcham, tornando-se pretos e permanecendo na árvore. Esse fenômeno é denominado 'peco fisiológico' e ocorre durante a primeira metade do período de desenvolvimento do fruto, atingindo um pico ao redor dos 50 dias após a polinização.

Para ALVIM (1977), do ponto de vista fisiológico, o processo é provavelmente análogo à queda de frutos, comum a muitas fruteiras (citros, abacate, manga, etc.), exceto pelo fato de que, no cacaueiro, os frutos não caem da árvore, mas permanecem mumificados na planta. Qualquer tratamento que aumente a produção de frutos aumentará também o número de frutos pecos, indicando que o fenômeno é controlado por um mecanismo interno pelo qual a planta elimina os frutos que estão além de sua capacidade de manutenção. Para o autor, existem, aparentemente, dois tipos de competição interna capazes de induzir o 'peco fisiológico': competição entre frutos em desenvolvimento e competição entre novos lançamentos foliares e frutos jovens. Condições que reduzem a fonte de fotoassimilados aos frutos em desenvolvimento, ou por redução da fotossíntese ou pela depressão do mecanismo de translocação, podem aumentar a incidência de 'peco fisiológico'.

RESNIK *et al.* (1980) observaram que aplicações de ethephon no pedicelo dos frutos provocaram sintomas semelhantes ao 'peco fisiológico'. Estudo preliminar mostrou que o peco assim induzido foi revertido pela aplicação de IBA e GA_3. ORCHARD & RESNIK (1982) concluíram que a aplicação de GA_3 impediu o peco induzido pelo ethephon. UTHAIAH & SULLADMATH (1980) observaram que frutos pecos continham menos substâncias do grupo das citocininas que frutos saudáveis. KASRAN (1994), estudando os efeitos do Faclobutrazol, obteve redução da ocorrência de 'peco fisiológico', resultando em grande número de frutos maduros e aumento na produtividade.

De acordo com ALVIM (1977), o modelo estacional de produção do cacaueiro parece estar relacionado ao padrão de crescimento vegetativo. O cacaueiro, na Bahia, está em completo repouso vegetativo entre maio e setembro, quando a carga de frutos aumenta, apresentando lançamentos entre outubro e abril, quando a carga de frutos diminui. A competição entre crescimento vegetativo (lançamentos foliares, crescimento radicular e cambial) e frutos jovens parece determinar as oscilações de produção durante o ano. Assim, quando as condições externas são favoráveis ao crescimento (outubro-abril), a força do dreno vegetativo aumenta e a capacidade de manter frutos diminui, ao passo que, quando o ambiente não favorece o crescimento vegetativo (maio-setembro), o dreno vegetativo decresce e a produção de frutos aumenta.

ALVIM (1977) observou que o período de máxima frutificação, em termos de peso seco, não coincide com o período de máximo número de frutos por árvore, que ocorre de março a julho, enquanto o período de máxima frutificação em termos de peso seco ocorre três meses mais tarde. O período mínimo de frutificação ocorreu entre dezembro e fevereiro.

HUTCHEON (1976 a,b) concebeu um modelo representativo da fisiologia básica do cacaueiro, tendo como referência a produção e partição de matéria seca para um cacaueiro de 15 anos. A matéria seca produzida pela fotossíntese e absorção mineral é distribuída entre os vários pontos de crescimento da árvore, sendo uma parte respirada e outra parte possivelmente reservada para utilização futura. As perdas respiratórias mostradas no diagrama da Figura 4 são estimadas, pelo autor, com base em dados publicados e considerações teóricas. O diagrama tem a intenção de mostrar onde as perdas de produtividade potencial ocorrem e desse modo indicar como a eficiência da planta pode ser aprimorada.

Para ALVIM (1977), os principais determinantes fisiológicos da produtividade são a dimensão da copa, usualmente expressa em IAF, a taxa de fotossíntese por unidade de área foliar e a distribuição de fotoassimilados entre os frutos e as outras partes da planta. Assim, um cacaual altamente produtivo deveria desenvolver rapidamente um dossel adequado, apresentar alta taxa fotossintética líquida e uma habilidade inerente para alocar alta proporção de fotoassimilados aos frutos.

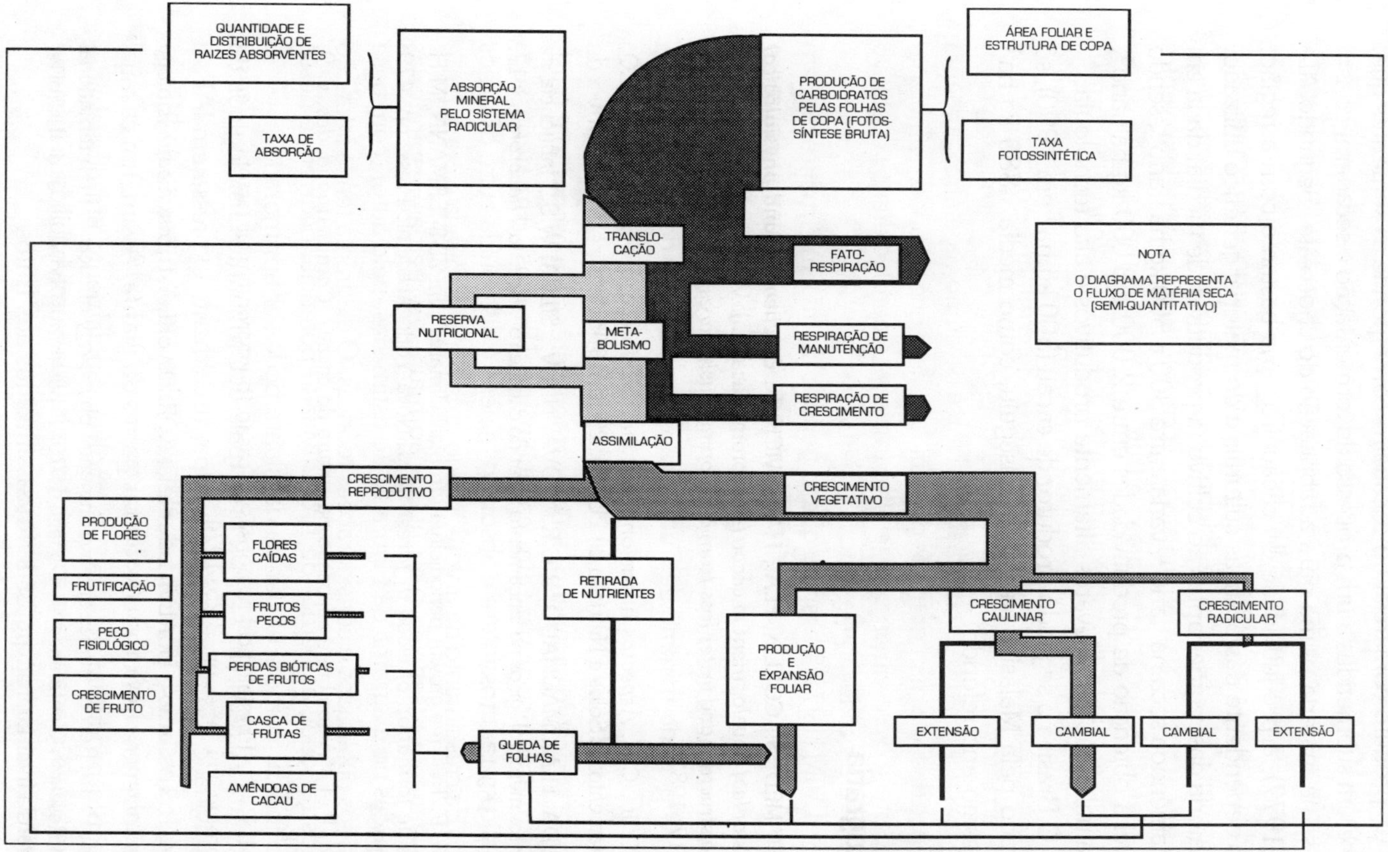

Figura 4 – *Balanço de matéria seca, mostrando os processos fisiológicos de perdas afetando a produtividade, em um cacaueiro de 15 anos (HUTCHEON, 1976 a,b).*

O produto comercial do cacaueiro corresponde às sementes que, após serem submetidas a um processo de fermentação e secagem, constituem-se na matéria-prima para a fabricação do chocolate. Segundo ALVIM (1977), a produtividade do cacaueiro varia bastante com a região, sendo dependente das práticas culturais e do material genético utilizado. Na maioria das regiões aptas ao cultivo, a produtividade média, dada em kg de amêndoa seca.ha^{-1}.ano^{-1}, varia entre 300 a 500 kg.ha^{-1}.ano^{-1}, sendo possível a obtenção de produtividades entre 2.000 e 3.000 kg.ha^{-1}.ano^{-1}, com a utilização de cultivares altamente produtivos e alta tecnologia.

O Brasil é o segundo produtor de cacau (500 kg.ha^{-1} em 1990), só superado pela Malásia, país que conseguiu, como média, 880 kg.ha^{-1} no mesmo ano referido.

Bibliografia

ABO-HAMED, S.; COLLIN, H.A.; HARDWICK, K. *Biochemical and physiological aspects of leaf development in cocoa (*Theobroma cacao *L.). VII. Growth, orientation, surface structure and water loss from developing flush leaves*. Nova Phytologist, v.95, pp. 9-17, 1983.

ABREU Jr., C.H. *Aspectos nutricionais da cultura do cacau*. Piracicaba, ESALQ, Departamento de Solos e Nutrição de Plantas, 29 p., 1995.

ALMEIDA, H.A.; MACHADO, R.C.R.; NOVA, N.A.V.; SILVA, W.S. "Influência de elementos meteorológicos no lançamento foliar do cacaueiro". *Revista Theobroma*, v.17, nº 3, pp. 163-174, 1987.

ALVIM, P. T. "Tree growth periodicity in tropical climates". *In*: ZIMMERMANN, M.H. (Ed.). *The formation of wood in forest trees*. Nova York, Academic Press, pp. 479-495, 1964.

ALVIM, P. T. "A sombra e adubação na cultura do cacau". *Cacau Atualidades*, v. 9, nº 1, pp. 2-5, 1972.

ALVIM, P. T. "Physiological responses of cacao to environmental factors". *Revista Theobroma*, v.4, nº 4, pp. 3-25, 1974.

ALVIM, P. T. "Cacao". *In*: ALVIM, P. de T.; KOZLOWSKI, T.T.(Eds). *Ecophysiology of tropical crops*. Nova York: Academic Press, pp. 279-313, 1977.

ALVIM, P. T. "Recent studies on environmental physiology of cacao". *In:* International Cocoa Research Conference, 7, Douala, 1979. *Proceedings*. Londres, J. de Lafforest and Transla-Inter Limited, pp. 85-89, 1981.

ALVIM, P. T. "Theobroma cacao". *In*: Halevy, A.H.(ed.). *Handbook of flowering*. Boca Raton, CRC Press, v.5, pp. 357-365, 1986.

ALVIM , P. T.; MACHADO, A.D.; GRANGIER Jr., A. "Alguns estudos sobre as relações de água, solo e crescimento do cacaueiro." *In*: Conferência Internacional de Pesquisas em Cacau, 2, Salvador, Itabuna, 1967. *Memórias*. Ilhéus, CEPLAC, pp. 316-323, 1969.

AZIZAH CHULAN, H. "Effect of fertilizer and endomycorrhizal inoculum on growth and nutrient uptake of cocoa (*Theobroma cocoa* L.) seedlings". *Biology Fertility Soils*, v.11, pp. 250-254, 1991.

AZIZAH CHULAN, H.; "MARTIN, K. The vesicular-arbuscular (VA) mycorrhiza and its effects on growth of vegetatively propagated *Theobroma cacao* L". *Plant and Soil*, v.144, nº 2, pp. 227-233, 1992.

AZIZAH CHULAN, H.; RAGU, P. "Growth response of *Theobroma cocoa* L. seedlings to vesicular-arbuscular mycorrhizal inoculation". *Plant and Soil,* v.96, pp. 279-285, 1986.

BALASIMHA, D.; SUBRAMONIAN, N. "Role of phenolics in auxin induced rhizogenesis and isoperoxidases in cacao (*Theobroma cacao* L.) stem cuttings". *Indian Journal of Experimental Biology*, v.21, pp. 65-68, 1983.

BARBOSA, R.C.M. *Eficiência do fosfato de alumínio jandiá no desenvolvimento do cacaueiro, na presença e ausência da calagem e de fungos endomicorrízicos vesículo-arbusculares*. Piracicaba, 146 p. Dissertação (Mestrado), Escola Superior de Agronomia "Luiz de Queiroz", Universidade de São Paulo, 1992.

BIRD, K.J.; HARDWICK, K. "Carbohydrate balance during flush development in cacao seedlings". *In*: International Cocoa Conference, 8., Cartagena, 1981. *Proceedings*. Lagos, Cocoa Producers' Alliance, pp. 259-264, 1982.

BRAUDEAU, J. *El cacao*. Barcelona, Editorial Blume, 297 p., 1970.

CABALA-ROSAND, P.; MIRANDA, E.R.; SANTANA, C.J.L. "Respostas do cacaueiro no Sul da Bahia à aplicação de fertilizante". *In*: Reunião Brasileira de Fertilidade do Solo, 9, Belo Horizonte, 1974. *Comunicação da Equipe de Fertilidade de Centro de Pesquisa do Cacau*. Ilhéus, CEPLAC, pp. 4-11, 1994.

CUENCA, G.; HERRERA, R.; MENESES, E. "Effects of VA mycorrhiza on the growth of cacao seedlings under nursery conditions in Venezuela". *Plant and Soil*, v.126, nº 1, pp. 71-78, 1990.

ENRÍQUEZ, G. *Curso sobre el cultivo del cacao*. Turrialba, CATIE , 240 p., 1985.

HARDWICK, K.; ABO-HAMED, S.; COLLIN, H.A. "Hormonal control of shoot apex activity in *Theobroma cacao* L." *In*: International Cocoa Conference, 8, Cartagena, 1981. *Proceedings*. Lagos, Cocoa Producers' Alliance, pp. 253-257, 1982.

HARDWICK, K.; BAKER, N.R.; BIRD, K.J. "Control of chloroplast formation and photosynthetic performance in developing cocoa (var. Amelonado and Amazon) leaves".

In: International Cocoa Conference, 7, Douala, 1979. *Proceedings*. Londres, J. de Lafforest and Transla-Inter Limited, pp. 135-142, 1981.

HARDY, F. *Manual de cacao.* Turrialba, IICA, 439 p., 1961.

HEDGE, S.G.; SULEKERI, G.S.; HULAMANI, N.I. "Studies on vegetative propagation of cocoa". *Indian Cocoa, Arecanut and Spices Journal*, v.13, nº 3, pp.93-95, 1990.

HUTCHEON, W.V. "A framework for the physiology of cocoa". Part 1. *Cocoa Growers' Bulletin*, nº 24, pp. 5-11, 1976a.

HUTCHEON, W.V. "A framework for the physiology of cocoa". Part 2. *Cocoa Growers' Bulletin*, nº 25, pp. 5-10, 1976b.

KASRAN, R. "Effect of paclobutrazol on growth and yield of cocoa high density plantings". *MARDI Research Journal*, v.22, nº 1, pp. 35-41, 1994.

LEITE, R.M. O.; MÜLLER, M.W. "Influência da remoção foliar sobre a fenologia de cacaueiros expostos ao sol e à sombra". *Revista Theobroma*, v.13, nº 3, pp. 203-210, 1983.

MACHADO, R.C.R.; HARDWICK, K. "Does carbohydrate availability control flush growth in cocoa?" *In*: International Cocoa Research Conference, 10, Santo Domingo, 1987. *Proceedings*. Lagos, Cocoa Producers' Alliance, pp. 151-157, 1988.

MOHD-RAZI, I.; ABD-HALIM, H.; KAMARIAH, D.; MOHD-NOH, J. "Growth, plant water relation and photosynthesis rate of young *Theobroma cacao* as influenced by water stress". *Pertanika*, v.15, nº 2, pp. 93-98, 1992.

NG, E. "Potencial cocoa photosynthetic productivity". *In*: International Cocoa Conference, 8, Cartagena, 1981. *Proceedings*. Lagos, Cocoa Producers' Alliance, pp. 235-244, 1982.

ORCHARD, J.E.; RESNIK, M.E. "The effect of gibberellic acid and various auxins on ethrel induced wilt of cacao". *In*: International Cocoa Conference, 8, Cartagena, 1981. *Proceedings*. Lagos, Cocoa Producers' Alliance, pp. 223-228, 1982.

RESNIK, M.E.; ORCHARD, J.E.; MENDES, L.F. "The use of ethrel induced senescence of cacao fruits to study the control of cherelle wilt". *Revista Theobroma*, v.10, nº 4, pp. 253-256, 1980.

SENA-GOMES, A.R.; KOZLOWSKI, T.T. "Responses of seedlings of two varieties of *Theobroma cacao* to wind". *Tropical Agriculture*, v.66, nº 2, pp. 137-142, 1989. Resumo em CAB Abstracts on CD-ROM, v. 3A, 1990-91.

TAYLOR, S.J.; HADLEY, P. "Studies on growth periodicity and its control in mature cocoa (*Theobroma cacao* L.) grown in controlled environmental conditions; the physiological role of auxins". *In*: International Cocoa Research Conference, 10, Santo Domingo, 1987. *Proceedings*. Lagos, Cocoa Producers' Alliance, pp. 169-175, 1988.

TOXOPEUS, H. "Botany, types and populations". *In*: WOOD, G.A.R.; LASS, R.A. (Eds.). *Cocoa*. 4ª ed. Londres, Longman. pp.11-37, 1985.

UTHAIAH, B.C.; SULLADMATH, U.V. "Cytokinin-like substances and cherele wilt in cacao (*Theobroma cacao* L.)". *Journal of Plantation Crops*, v.8, nº 2, pp. 78-81, 1980. Resumo em TROPAG & RURAL on CD-ROM, 1975-95.

VALLE, R.R.; SILVA, W.S.; MIRANDA, A.C. "Stomatal resistence and transpiration rates of shaded and unshaded cacao trees". *Revista Theobroma*, v.17, nº 3, pp. 175-187, 1987.

VOGEL, M.; MACHADO, R.C.R.; ALVIM, P. T. "Remoção de órgãos jovens como método de avaliação das interações fisiológicas no crescimento, floração e frutificação do cacaueiro". *In*: International Cocoa Conference, 8, Cartagena, 1981. *Proceedings*. Lagos, Cocoa Producers' Alliance, pp. 215-222, 1982.

WESSEL, M. "Shade and nutrition". *In:* WOOD, G.A.R.; LASS, R.A. (eds.). *Cocoa*. 4ª ed. Londres, Longman, cap. 7, pp. 166-194, 1985.

WOOD, G.A.R. "Propagation". *In:* WOOD, G.A.R.; LASS, R.A. (eds.). *Cocoa*. 4ª ed. Londres, Longman, pp. 93-118, 1985.